英国大角星百科丛书

生物
情境大百科

Encyclopedia of Biology

【英】汤姆·杰克逊 编著 周明玮 译

华东理工大学出版社
EAST CHINA UNIVERSITY OF SCIENCE AND TECHNOLOGY PRESS
·上海·

图书在版编目（CIP）数据

生物情境大百科 /（英）汤姆·杰克逊编著；周明
玮译. — 上海：华东理工大学出版社，2024.6.
（英国大角星百科丛书）. — ISBN 978-7-5628-7524-6

Ⅰ. Q-49

中国国家版本馆CIP数据核字第2024JZ4989号

书名原文：Children's Encyclopedia of Biology

Copyright © Arcturus Holdings Limited

www.arcturuspublishing.com

All the credits to illustrations in this book can be found in original Arcturus' edition.

这本书中所有插图的版权信息见原版图书。

著作权合同登记号：09-2024-0236

· ·

策划编辑 / 郭　艳

项目统筹 / 郭晗铃

责任编辑 / 郭晗铃

责任校对 / 石　曼

装帧设计 / 居慧娜

出版发行 / 华东理工大学出版社有限公司

地址：上海市梅陇路 130 号，200237

电话：021 - 64250306

网址：www.ecustpress.cn

邮箱：zongbianban@ecustpress.cn

印　　刷 / 上海雅昌艺术印刷有限公司

开　　本 / 889 mm × 1194 mm　1/16

印　　张 / 8

字　　数 / 180 千字

版　　次 / 2024 年 6 月第 1 版

印　　次 / 2024 年 6 月第 1 次

定　　价 / 80.00 元

· ·

Contents
目录

引言

生物学家们研究有关生命的一切，但究竟什么是生命呢？生命具有以下共性：需要摄入物质和能量以供应生命活动；具有复杂的调节机制维持生存；对外界刺激能作出反应；能够生长和繁殖；存在遗传、变异和进化。一些没有生命的物体也存在部分上述特征，例如汽车能够"摄取"燃料并将其中的化学能转换成动能。但是，只有生物（有生命的物体）具备上述的全部特征。

生物学研究的对象包罗万象——小到细胞如何在基因的控制下完成各种生命活动；大到各种动植物和其他生物类群如何相互依存，共同造就生机勃勃的世界。

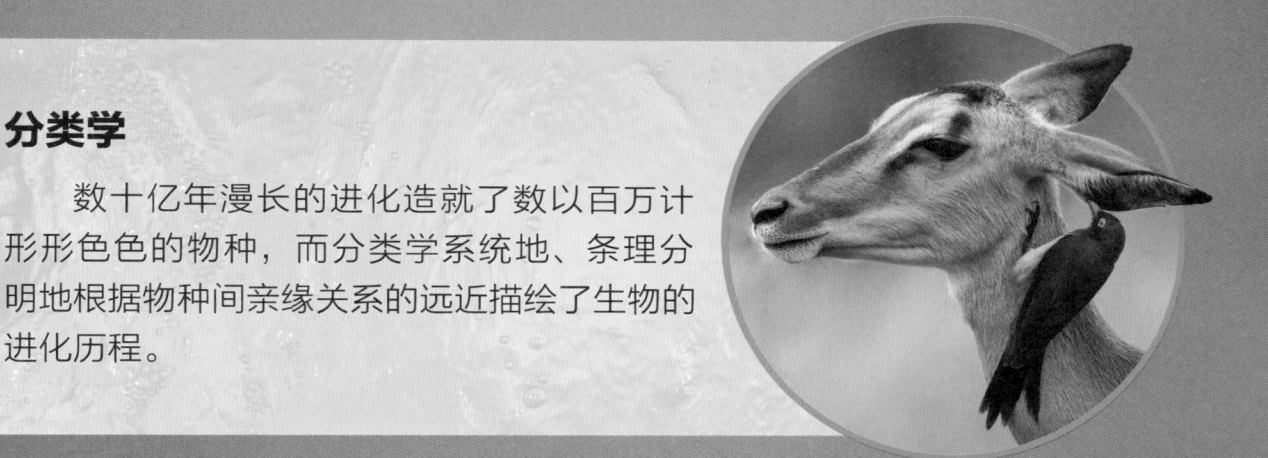

分类学

数十亿年漫长的进化造就了数以百万计形形色色的物种，而分类学系统地、条理分明地根据物种间亲缘关系的远近描绘了生物的进化历程。

人体生物学

人体是由一系列功能各异的系统组成的，它们"各司其职"，共同维持机体基本的生命活动。例如消化系统摄取食物并将其转化成为生命活动提供能量和原料的营养物质，呼吸系统负责摄入身体生存所必需的氧气，循环系统则将营养物质和氧气运送到身体的每个角落。

解剖学

  解剖学是研究生物体结构的学科，它有助于我们理解动植物的进化过程及它们对各自生活方式的适应过程。亿万年来，各种动植物进化出相应的结构以适应特定的生活方式，从而在地球上拥有了自己的立足之地。

细胞生物学

  细胞是构成一切生命体的基本单位。微小的细胞中每时每刻都进行着生物化学反应，这些维持生命活动的反应称为代谢。深入研究细胞有助于生物学家们理解生命是如何组织、运作乃至进化的。

生态学

  地球上有生物生存的区域被称为生物圈。生物圈涵盖了陆地和海洋，从大气层一直延伸到地下岩层中。生物圈中生活着由相互联系的各类生物组成的生物群落，它们与赖以为生的环境共同形成了生态系统。生态学家们研究发现，人类的部分活动对全球的生态系统带来了负面的影响。

遗传学和分子生物学

  生物体复杂的结构与生命活动都是由基因控制的，遗传学和分子生物学研究承载生物一切性状的遗传信息是如何编码在脱氧核糖核酸（DNA）这种生物大分子上，以及这些信息是如何被传递和表达的。

生物分类系统

目前地球上已被生物学家发现的生物物种数量超过一百万种，据估计，还有数百万种物种尚未被发现。为了更好地认识缤纷多彩的生物世界，生物学家们建立了一套科学的分类系统来揭示不同生物类群间的关系。

追溯祖先

生物分类学是根据各生物类群间关系的亲疏远近对生物谱系进行梳理的学科。一个生物类群的所有成员都有一个共同祖先，也就是说，这个类群（如分类学中的一个目或一个科）的所有物种都是由一个祖先物种经历漫长的进化形成的。一个较小的分类单元（例如一个属）一般只包含较少的物种，它们的共同祖先生存的年代通常也相对较近；而一个较大的分类单元（例如一个门）则可能包含数十万种物种，它们的共同祖先的生存年代则久远得多，例如脊索动物门的最近的共同祖先通常被认为的是生活在约 5 亿年前的蠕虫状生物。

普遍认为，现代鸟类是由一类身披羽毛的恐龙发展进化而来的。

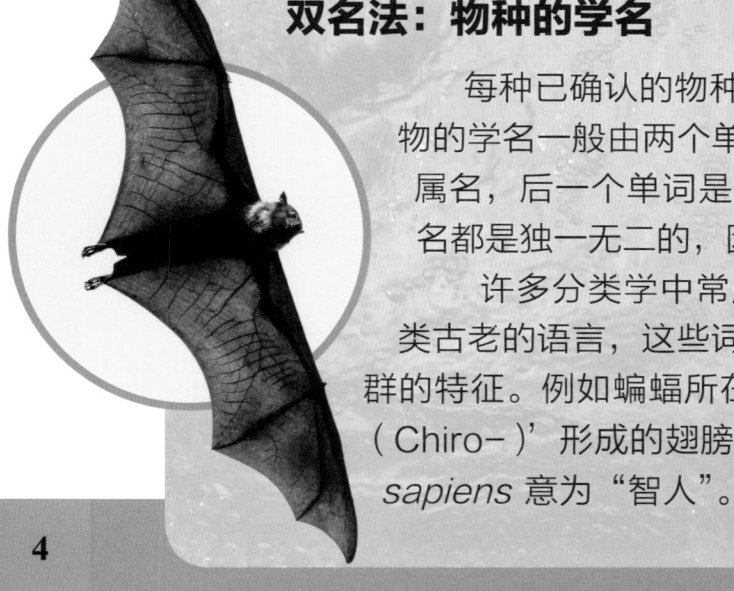

双名法：物种的学名

每种已确认的物种都有一个科学名称，也就是学名。生物的学名一般由两个单词组成，前一个单词是物种所在属的属名，后一个单词是该物种的种加词。由于每种物种的学名都是独一无二的，因此可以有效避免物种名称的混淆。

许多分类学中常用的词汇来源于拉丁语和古希腊语之类古老的语言，这些词汇往往在一定程度上描述了被命名类群的特征。例如蝙蝠所在的翼手目（Chiroptera）意为 "'手（Chiro-）'形成的翅膀（-ptera）"。我们人类的学名 *Homo sapiens* 意为 "智人"。

生物分类学将生物世界划分成一系列的分类单元，不同大小的分类单元逐级嵌套，反映了生物进化的历程。物种是最基本的分类单元，物种指的是在自然条件下能够互相交配并产生可育后代的一群生物。例如所有现代人都属于智人（*Homo sapiens*）这一物种。

智人是人属（*Homo*）的物种之一。除了现存的智人以外，人属还有直立人（*H. erectus*）和尼安德特人（*H. neanderthalensis*）等已灭绝的古人类物种。

人属是人科（Hominidae）下的一属，该属成员还包括黑猩猩、大猩猩和红毛猩猩这些大型类人猿。

人科属于灵长目（Primate）。灵长目还包含猴科、狐猴科和长臂猿科等分类单元。

和鲸鱼、狮子和小鼠一样，灵长目属于哺乳纲（Mammalia）。

哺乳纲属于脊索动物门（Chordata），脊索动物门还包含爬行类、鸟类和鱼类等具有脊椎骨的动物类群。

动物界（Animalia）包含脊索动物门、节肢动物门和软体动物门等所有的动物类群。界一级的分类单元还包括植物界、真菌界和细菌界等。

分类	人	黑猩猩	蓝鲸	玉米蛇
种	智人	黑猩猩	蓝鲸	玉米蛇
属	人属	黑猩猩属	须鲸属	豹斑蛇属
科	人科	人科	须鲸科	游蛇科
目	灵长目	灵长目	鲸偶蹄目	有鳞目
纲	哺乳纲	哺乳纲	哺乳纲	爬行纲
门	脊索动物门	脊索动物门	脊索动物门	脊索动物门
界	动物界	动物界	动物界	动物界

名人堂

卡尔·林奈
Carl Linnaeus
1707—1778

现今使用的生物分类系统最早是由瑞典植物学家卡尔·林奈于1735年提出的。林奈的分类系统与我们现今使用的分类系统有几乎一样的分类单元设定。但这种根据形态特征对生物进行分类的方法也存在一些错误，比如把属于哺乳类的鲸和海豚划入鱼类，不过后来林奈根据生物进化理论对此分类系统进行了改进。

你知道吗

尽管蘑菇和植物看起来有些相似，但分类学研究揭示，相较于植物界，蘑菇所属的真菌界与动物界的关系更近。

细菌

细菌是地球上最微小，也是最古老的生命形态。化石记录显示，早在 35 亿年前，细菌就已经存在了。细菌十分微小，只有用显微镜才能看到。然而它们的身影遍布各处，从深海到山顶积雪，从地下岩层到空气，都有细菌的存在。

在细菌进化历程中的很长一段时间，地球的环境远比现在恶劣。因此，一些细菌能够生活在其他生物无法生存的热泉、冰层甚至是充满有毒物质的极端环境中。

单细胞

细菌是单细胞生物，大多数细菌的细胞长度约 0.5～5.0 μm（1 cm=1 000 μm）。细菌细胞的外层是纤薄的细胞膜和坚韧的细胞壁，内部有遗传物质 DNA 和其他维持生命所必需的物质，多数细菌是球状或杆状的，但也有一些呈螺旋状，有时许多细菌会聚集成链状或簇状。

● 蓝细菌（旧称蓝藻）是最常见的细菌类型之一。海洋和淡水中漂浮的大量蓝细菌是浮游生物群落的重要组分。远洋杆菌是地球上已知的数量最多的物种之一，是海洋系统中最丰富的浮游细胞群。

名人堂

露丝·埃拉·穆尔
Ruth Ella Moore
1903—1994

露丝·埃拉·穆尔作为细菌领域的专家，她致力于研究引发肺结核的病菌，肺结核至今仍是可能致命的疾病之一。除此之外，穆尔还发现牙周病和龋齿是由口腔中残留甜食的糖分滋生的细菌引发的。

这里聚集了大量微生物，它们和它们的代谢产物将水体染成了绚丽的色彩。

细菌的功与过

　　一些细菌会引发疾病，例如人们胃痛和咽喉痛有时是由细菌引起的，可以通过服用抗生素来治疗。此外，细菌还会导致伤口感染从而危害健康，可以通过清创消炎来避免感染。然而，许多细菌在我们的生活中发挥着重要作用。例如乳酸菌赋予酸奶和泡菜独特的酸味，让这些食物变得容易被人体消化吸收。我们的小肠中生存着数十亿个细菌，它们对于我们的健康起了非常重要的作用。

除了细菌以外，热泉中还生活着一类叫作古菌的微生物。古菌的结构与细菌非常相似，拥有着同样漫长的进化历史。古菌和细菌有着完全不同的生化代谢途径，因此被单独划分为古菌界。

用牛奶制作酸奶时，特定种类的细菌（乳酸菌）能将牛奶中的乳糖转化成乳酸，从而形成具有酸味和浓稠的口感。

你知道吗　据一些科学研究估计，地球上所有细菌的总质量约有数十亿至数千亿吨，相当于地球上动物总质量的四五十倍。

原生生物

原生生物是比细菌和古菌更大且更复杂的单细胞生物。一些生物学家将所有的原生生物划为独立的原生生物界，但实际上不同的原生生物类群的亲缘关系相差甚远。原生生物的细胞内有一些基本种类的细胞器，是最简单的真核生物。有些原生生物能像动物一样摄取食物，被称为原生动物。另一些则像植物那样通过光合作用自给自足。还有些种类甚至兼具两者的特征。

鞭毛虫类和纤毛虫类

鞭毛虫和纤毛虫这两大原生生物类群得名于它们的运动器官——鞭毛和纤毛。鞭毛虫类是非常常见的浮游生物，当它们过度增殖时会引起水体污染、变色并导致许多海洋生物窒息或中毒死亡，这就是所谓的赤潮。纤毛虫类除了营浮游生活以外，还经常出没于土壤中，甚至寄生在动物身上。多数纤毛虫类通过摆动纤毛将微小的食物颗粒传送到细胞表面的裂缝——胞口中，进而进入细胞内。

● 这些鞭毛虫只有一根鞭毛，但有些种类具有两三根甚至数十根鞭毛。

变形虫是一类原生动物，它们的细胞不具备坚韧的细胞壁，因此可以延伸成任何形状。许多变形虫寄生在动物体内并经常引发疾病。

硅藻

硅藻是淡水和海洋中常见的原生生物，也有部分种类生活在潮湿的土壤中。和植物一样，硅藻能通过光合作用制造营养物质。硅藻的细胞被包裹在由二氧化硅（沙子的主要成分）组成的圆形或舟形等形状的外壳中。

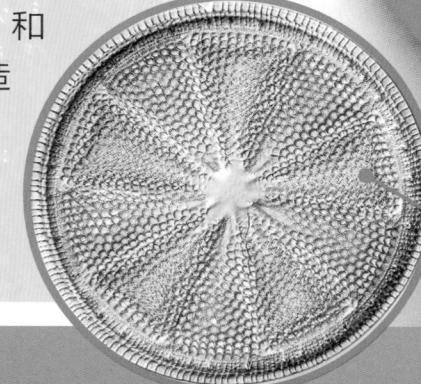

硅藻的外壳由紧扣在一起的上壳和下壳组成。

变形虫的细胞有许多叶状或其他形状的突起，被称作伪足。这些伪足向各个方向延伸，寻找食物。当变形虫移动时，它会向前进的方向伸出较大的伪足，随后细胞质流入其中，完成移动。

当变形虫以更小的原生生物和细菌为食时，它们通过胞吞的方式摄食：先伸出伪足围住食物，随后伪足融合，食物被细胞膜包裹形成食物泡，最后食物泡与溶酶体融合，溶酶体中的酶将食物消化。

你知道吗

疟疾这种致命的疾病是由疟原虫（*Plasmodium*）这种原生生物引发的。数据显示，2020 年全球约有 2.4 亿人罹患疟疾，其中约 60 万人因此丧生。幸运的是，一些测试中的新型疫苗有望预防疟疾。

植物

全世界已被描述的植物物种有二三十万种，从细小的苔藓到参天大树，都是植物界的成员。植物通过光合作用获得能量，这一过程利用阳光中的光能将水和二氧化碳转化成糖类等能源物质。植物的身影遍布除最寒冷、最干旱等极端生境外的全球各地。

维管束

贴地生长的苔藓植物属于非维管束植物，它们低矮的植物体没有真正的根、茎和叶。绝大多数植物，比如蕨类植物、裸子植物和被子植物属于维管束植物。维管束植物体内有纵横交错的"管道"，被称作维管束。维管束既能将水和糖类等物质运输至植物体内各处，又能赋予植物体一定的机械强度，使植物能够直立生长以获得更多阳光。

生长在北美西北部的巨杉是地球上最大，也是最长寿的植物之一。它们可以高达近百米，寿命超过 3 000 年。

巨杉是一种针叶乔木，属于裸子植物，它们用球果产生种子以繁衍后代。而占植物界多数的被子植物则通过开花结果产生种子。

和这片苔藓一样，多数植物是绿色的，这是因为植物体内含有一种叫作叶绿素的物质。叶绿素可以吸收阳光中的红光和蓝紫光，利用光能制造营养物质。

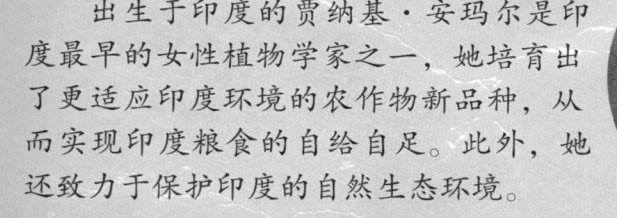

名人堂

贾纳基·安玛尔
Janaki Ammal
1897—1984

出生于印度的贾纳基·安玛尔是印度最早的女性植物学家之一，她培育出了更适应印度环境的农作物新品种，从而实现印度粮食的自给自足。此外，她还致力于保护印度的自然生态环境。

海藻

　　海藻生活在海洋中，常被当成植物，但是海藻所属的藻类通常并不被归入植物界，而是被归入原生生物界。也就是说，海藻是大型的多细胞原生生物。和陆地上的植物一样，海藻需要进行光合作用，因此它们通常生长在阳光充足的浅海中。除了绿色外，红色和褐色的海藻也非常多见。海藻没有真正的根和叶，它们用假根固着在海床上，叶状体在水中伸展以吸收阳光。

海藻在退潮时会暴露于空气中，因此许多海藻的体表覆盖着一层具有保水功能的黏液，使它们在下一次涨潮前保持湿润。

巨杉高大的树冠高于周围的其他植物，从而获得更多的阳光。树木的树干通常由坚韧的木质构成，木质是由树干内的维管束产生的。

真菌

真菌界是与植物界和动物界并列的多细胞生物类群，目前已被描述的真菌有十几万种。我们最熟悉的各种蘑菇是一些真菌的子实体，即真菌产生孢子用以繁殖的结构，通常孢子是通过风和水传播的。真菌的主体——菌丝体通常生长在我们看不见的地下或者动植物体中，甚至人体内。

毒蝇鹅膏菌体内含有危险的毒素[2]，它们用鲜艳的颜色"警告"动物们不要取食、取食后危险。多数种类的蘑菇是有毒的，我们应只食用市场里出售的蘑菇。

分解作用

多数真菌是腐生性的，它们生长在能为其提供营养的有机质上。虽然真菌既没有嘴也没有胃，无法直接摄入食物，但是真菌可以通过分泌消化酶，把体外的大分子有机物分解成小分子物质，然后进行吸收利用。真菌在生态系统中占有重要地位，它们能将生物遗体分解为无机物，使生物遗体中的营养物质回归土壤中。

● 这些蓝绿色的霉菌是真菌的一种。当悬浮在空气中的微小孢子落在富含水分的食物上，便开始萌发、生长。

真菌与食品

真菌是人类的食物来源之一，比如蘑菇是真菌的子实体，其富含维生素和矿物质，是一类健康的食物。此外，真菌还参与了许多食品的制作，比如蓝纹奶酪[1]蓝灰色的斑点就是霉菌；制作面包时通常会用到一种叫作酵母菌的微型真菌，酵母菌能分解面团中的糖类，产生二氧化碳气体，使面团膨胀并赋予面包松软的口感。

制作面包时会在面团中加入干酵母。酵母菌也被用来生产酒类，它能将发酵液中的糖类转化为酒精。

1　一类由罗克福青霉（*Penicillium roqueforti*）发酵制成，带有蓝绿色霉斑的奶酪。
2　蘑菇的毒性与颜色关系不大，颜色普通的种类也可能有剧毒。

真菌的主体是菌丝体，是由许多被称为菌丝的丝状体组成的。菌丝细胞具有坚韧的细胞壁，其主要成分之一是几丁质，这也是昆虫、虾蟹等动物外骨骼的主要成分。

蘑菇是从真菌藏在土壤或腐木中的菌丝体上长出来的。成熟的蘑菇打开菌盖释放孢子，微小的孢子随风飘散。这些孢子可以发育成新的菌丝体。

蘑菇的生长速度可以很快，有时几乎一夜之间就能长大。当条件合适时，菌柄的细胞会不断伸长，菌柄的顶部发育成菌盖。

名人堂

亚历山大·弗莱明
Alexander Fleming
1881—1955

苏格兰微生物学家弗莱明于 1928 年发现了青霉素。这一重大发现源于一次"意外"，一次弗莱明发现，青霉菌污染了他培养的细菌样品，并且青霉菌杀死了它周围的细菌。这些青霉菌产生了一种抗菌物质，后来被命名为青霉素。青霉素至今仍被用于治疗致命的细菌感染，每年可拯救约两千万人。

你知道吗　目前已知的地球上最大的生物既不是巨鲸也不是大树，而是一株生长在美国俄勒冈州土壤中的奥氏蜜环菌（*Armillaria ostoyae*）。它的菌丝体占据了约 9 km² 的土地，相当于一千多个足球场的面积。

低等无脊椎动物

据现有的研究估计，动物界约 97% 的成员是无脊椎动物。不同于脊椎动物，无脊椎动物不具备脊柱和其他内骨骼。无脊椎动物有丰富的多样性，通常认为，最简单的无脊椎动物是海绵，它们用筒状的多孔身体过滤海水中的食物。其他的无脊椎动物类群包括水母、各种蠕虫和软体动物等。

刺胞动物门

水母属于刺胞动物门，这个类群中常见的生物还有珊瑚和海葵，它们都是具有触手且身体柔软的水生动物。这些动物的触手上长有刺细胞，当受到刺激时，刺细胞会释放有毒的刺丝以捕捉猎物或抵御天敌。不同于两侧对称的多数动物，刺胞动物是辐射对称的，它们的身体接近圆形，没有头尾之分，口位于身体中央。

腹足纲裸鳃亚目的海蛞蝓是一类没有贝壳的软体动物，头足纲的章鱼和鱿鱼等也是软体动物。

● 煎蛋水母有着荷包蛋般的外形，这些大型水母通过收缩钟形的身体来喷射水流，以此作为游动的推力。

名人堂

霍普·布莱克
Hope Black
1919—2018

霍普·布莱克是澳大利亚的一位杰出的软体动物学家，她从青年时期就开始在维多利亚自然博物馆工作。经过十年的刻苦钻研，她成为自然博物馆的馆长。1959 年，她成为早期探索南极岛屿的女探险队员之一。

软体动物门

　　软体动物门是无脊椎动物中的一个大家族。绝大多数软体动物是水生的，但蜗牛和蛞蝓生活在潮湿的陆地上。多数软体动物具有坚硬的贝壳以保护柔软的躯体，其中多数腹足纲（如螺和蜗牛）只有一片贝壳，而双壳纲（如蛤和牡蛎）则具有由韧带相连的两片贝壳。

软体动物的贝壳的主要成分是坚硬的碳酸钙，这也是大理石和石灰石的主要成分。蜗牛的贝壳既可以保护柔软的躯体免受伤害，也能减少身体的水分流失。

和大多数动物一样，海蛞蝓是两侧对称的，也就是说它的身体左右两侧成镜像对称。软体动物身体的前端为头部，头部集中了口、脑和其他主要的感觉器官；软体动物身体的最末端为肛门，用于排泄废物。

海蛞蝓的头部有一对像耳朵一样的触角，能感受海水中的某些化学物质。

你知道吗　　海生腹足纲动物地纹芋螺拥有致命的毒液，其毒液的毒性远远强于眼镜王蛇的毒液。

节肢动物

节肢动物门是无脊椎动物最大的门类。这类动物体表覆盖有盔甲一样的外骨骼，躯干的体节和附肢的活动处外骨骼纤薄，形成关节。节肢动物外骨骼的主要成分是一种叫作几丁质的多糖，这种物质质轻且坚韧。节肢动物门主要有三大类群：昆虫纲（包括各种昆虫）、蛛形纲（如蜘蛛和蝎子）和软甲纲（如虾和蟹）。

昆虫纲

昆虫纲是节肢动物最大的类群，其物种数占所有已知动物物种总数的比例超过 50%。昆虫的躯干分为头部、胸部和腹部三部分，其中胸部着生有 3 对步足，通常多数昆虫还具有 2 对翅。昆虫在约 4 亿年前进化出了飞行能力，是第一类飞向蓝天的动物。常见的昆虫类群有鞘翅目（如甲虫）、双翅目（如蝇和蚊）、膜翅目（如蜂和蚂蚁）和鳞翅目（如蝴蝶和蛾）等。

和所有甲虫一样，这只金龟子具有坚硬的鞘翅以保护用于飞行的后翅。

鼠妇又名卷甲虫，是一种小型陆生甲壳动物，它们通常生活在落叶堆等潮湿的环境中。一些种类的鼠妇遇到危险时会蜷缩成球状。

甲壳动物

甲壳动物具有数量不等的附肢，除了具有用于运动的步足，还常具有用于摄食的螯足、颚足等。绝大多数甲壳动物是海生的，体型微小但数量庞大的桡足类和磷虾是浮游动物的重要组成部分。龙虾之类体型较大的软甲纲动物通常营底栖生活，它们的外骨骼含大量碳酸钙，十分坚硬。藤壶等甲壳动物营固着生活，依靠附肢以过滤海水中的浮游生物为食。

? 你知道吗　昆虫广泛生活于陆地和淡水中，但以海龟和海生摇蚊为代表的极少数种类生活在海洋中。

蛛形纲动物具有 1 对螯肢、4 对步足和 1 对用于辅助进食的须肢。大多数蛛形纲动物都是肉食性的，它们用螯肢或尾刺向猎物体内注入毒液。毒液在杀死猎物的同时还能将猎物消化分解成流质，以便于蛛形纲动物吸食。

和所有的蛛形纲动物一样，蜘蛛的躯干分为头胸部和腹部两部分，附肢着生于头胸部。和其他节肢动物不同的是，蛛形纲动物没有触角，第一对附肢是进食用的螯肢。

蜘蛛常用蛛网来捕猎，蛛网上具有黏性的蛛丝可以粘住飞行的昆虫。蜘蛛通过步足感受蛛网的振动来发现落网的猎物或"来访"的同类。

名人堂

玛格丽特·S·柯林斯
Margaret S. Collins
1922—1996

自幼聪颖过人的玛格丽特·柯林斯 14 岁时就进入大学学习，最终她成为动物学家。柯林斯主要研究对象是白蚁，这是一类通常以木材为食的社会性昆虫，能够破坏木质的房屋。

低等脊椎动物

脊椎动物是具有脊柱和其他内骨骼的动物类群。鱼类是最早的脊椎动物类群之一，出现于约5亿年前，许多脊椎动物类群都由鱼类进化而来。原始的两栖类通常被认为是最早登上陆地的脊椎动物，它们进化出了现生两栖类、爬行类和哺乳类的祖先。通常认为，鸟类是由爬行动物中的恐龙进化而来的。

蛙类属于两栖动物，它的幼体蝌蚪像鱼一样生活在水中，蝌蚪经历变态发育，长出附肢，变成可以在陆地生活的成体。

爬行类

爬行类是一个物种非常多样的类群，它们的体表通常覆盖有坚韧且保水的鳞片。爬行类具有保水性的羊膜卵，因此其繁殖不依赖水环境。爬行类有三个主要类群：龟鳖目、鳄目和有鳞目，其中有鳞目的物种数量最多，包括各种蜥蜴和蛇。多数爬行类是卵生的，也有少数种类能直接产下发育完全的幼体用卵胎生的方式繁殖。爬行类是变温动物，即它们的体温随环境变化而变化。

蛇类没有附肢，它们用细长的身体滑行前进。在全世界已知的约4 000种蛇中，有约600种是毒蛇，包括图中这条蓝色的蝮蛇。毒蛇攻击猎物时用毒牙注射毒液以杀死猎物。

名人堂

伯莎·卢茨
Bertha Lutz
1894—1976

出生于巴西、求学于法国的伯莎·卢茨是研究箭毒蛙的专家。箭毒蛙是一类体色鲜艳的小型两栖类，它们在摄食某些种类的蚂蚁等有毒的昆虫后，会将毒素储存在皮肤中。这些毒素能使捕猎它们的天敌中毒甚至死亡，从而达到自保的目的。

鱼类的鳃位于头部后方。鱼类呼吸时，水从口流入，流经鳃，在布满毛细血管的鳃丝中完成气体交换，最后水从鳃盖后缘流出。

鱼类

据目前数据统计，全球大约有超过3万种已知种类的鱼类生活在海洋和淡水河湖中。鱼类通过鳃呼吸溶解在水中的氧气，也有少数种类可以短暂地直接呼吸空气。鱼类流线型的身体能减少水中游动时的阻力。鱼类的运动器官是鳍，其中尾鳍通过摆动以提供前进的推力，成对的胸鳍和腹鳍用于控制方向，背鳍和臀鳍则用于保持平衡，防止鱼体倾斜。

所有的蛙类都是捕食者。这只南美角蛙有着巨大的口，可以吞食和自己大小相近的猎物。

蛙类（属于无尾目）的成体通常没有尾部，它们以跳跃的方式在陆地上移动。蝾螈（属于有尾目）的成体则保留了尾部。多数两栖类动物繁殖时会返回水中，因为它们的卵没有强保水性的硬质外壳，通常只能在水中孵化。

你知道吗

海鬣蜥是目前已知的唯一一种能在海中进食的蜥蜴，它们以海藻为食。当食物匮乏时，它们会缩小体型以降低能量的消耗。

鸟类

目前全世界已知鸟类大约有 10 000 种，大多数都能飞行。所有鸟类都有一对后肢和一对前肢特化成的翅膀（翼）。为了适应飞行，鸟类在进化过程中最大限度地减轻体重并强化和飞行相关的结构，而诸如鸵鸟和企鹅等不会飞的鸟类则不需如此。鸵鸟进化出巨大的体型和在陆地上快速奔跑的能力，而适应水栖生活的企鹅的翅膀特化成用于划水游动的鳍状肢。

鸟类没有牙齿，取而代之的是角质喙。鸟喙的形状与鸟类的食性有关，钩状的鸟喙适于撕扯或压碎较大的猎物，尖细的鸟喙则适于捕食昆虫等较小的猎物。

原始鸟类

普遍认为，鸟类是在约 1.5 亿年前由恐龙进化而来的。鸵鸟等不会飞的鸟类（平胸总目）是现生鸟类最原始的类群，而会飞的鸟类（突胸总目）中最原始的类群是鸡雁小纲，包括鸭、鹅等水禽，鸡、松鸡（右下图）等陆禽。水禽往往身体健壮，非常善于飞行，可以进行长距离迁徙，其中大天鹅是体型较大的飞行鸟类。相反，陆禽绝大多数时间都在地面觅食，只有遇到危险时才进行短距离振翅飞行。

● 鸟类翅膀的形态与飞行方式相关。图中的鹰具有宽大的长方形的翅膀，适于平缓地滑翔，而有些鸟类的狭小的三角形翅膀则适于快速飞行和急速转向。

羽毛

早在鸟类之前，某些种类的恐龙就已具有羽毛，它们的羽毛主要用于保暖。鸟类的羽毛也具有保暖的功能，紧贴皮肤的绒羽小而蓬松，可以留住一层温暖的空气。和爬行类的鳞片与哺乳类的毛发一样，鸟类的羽毛由角蛋白组成。用于飞行的羽毛（飞羽和尾羽）扁平而坚韧，由纤维状的羽支交联成羽片。

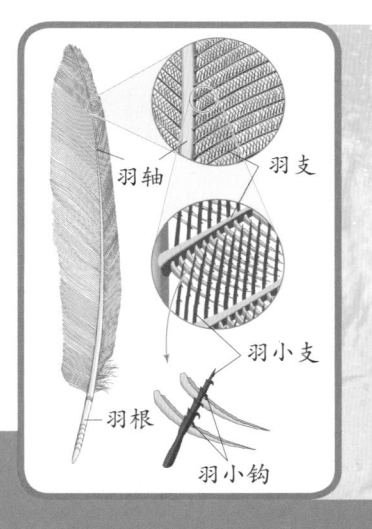

羽轴
羽支
羽小支
羽根
羽小钩

鸟类没有尾椎骨，它们的尾部主要由尾羽构成。当鸟类飞行时，尾羽用于控制方向和"刹车"。一些鸟类则用美丽的长尾羽作为交流和求偶的工具。

像这只南美洲的多色唐纳雀一样，许多鸣禽的羽毛色彩艳丽，这有助于它们在繁殖期寻找配偶。很多鸟类还经常通过鸣叫传递信息。

名人堂

约翰·詹姆斯·
奥杜邦
John James Audubon
1785—1851

奥杜邦是一位法裔美国博物学家兼画家，他最著名的工作是对全北美的鸟类做了广泛的记录，并为每种物种绘制了精美的图片。他的全套插画出版于1827—1838年，这些插画至今仍对鸟类的识别有着重要的参考价值。以他为名的奥杜邦协会致力于保护北美洲乃至全世界的鸟类。

？ 你知道吗

生活在新几内亚岛的黑头林鵙鹟是世界上仅有的几种有毒的鸟类之一。它们从摄食的某些种类的蚂蚁等昆虫中获取毒素，并将毒素储存在皮肤中。

哺乳类

哺乳类是多样性最高且分布最为广泛的陆生脊椎动物类群。所有哺乳动物都用乳汁哺育幼崽，多数种类身披毛发。哺乳类的形态和大小都非常多样，最小的哺乳类只有大拇指那么大，而最大的哺乳类——蓝鲸的身体长度能达二三十米，相当于两辆公交车的长度。哺乳类是恒温动物，它们可以利用从食物中获取的能量维持体温的基本恒定。因此，哺乳类可以适应多种多样的生境，从冰冷的极地海洋到高耸的山顶，从雾气氤氲的丛林到炎热干燥的沙漠，都有哺乳类的身影。

海生哺乳类

一些哺乳类返回海洋中生活，它们的附肢演化成鳍状，以利于在水中游动而不是在陆地奔走。海生哺乳类主要包括鲸类（如鲸和海豚）和鳍足类（如海豹和海狮）。鲸类的后肢完全退化，彻底丧失在陆地上的行动能力。鳍足类则可以回到海滩上休息，能在陆地上蹒跚前进较短的距离。

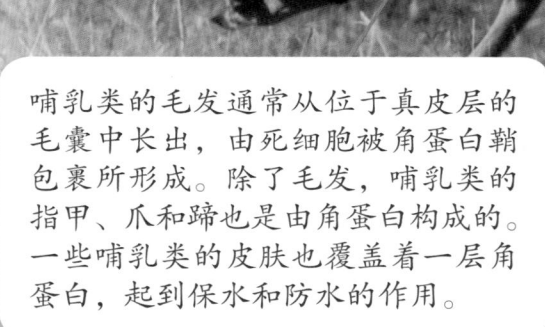

羚羊属于有蹄类动物。有蹄类是有着长腿和坚硬蹄甲（相当于很厚的趾甲）的植食性哺乳类（少数种类为杂食性）。得益于修长的四肢，有蹄类动物往往可以快速奔跑。

● 和所有鲸类一样，海豚的皮肤光滑无毛（仅在胚胎期有毛发），头顶有类似鼻孔的喷水孔用于浮出水面时呼吸。

哺乳类的毛发通常从位于真皮层的毛囊中长出，由死细胞被角蛋白鞘包裹所形成。除了毛发，哺乳类的指甲、爪和蹄也是由角蛋白构成的。一些哺乳类的皮肤也覆盖着一层角蛋白，起到保水和防水的作用。

？ 你知道吗

麝牛拥有哺乳类中最长的毛发，其长度最长可达 70 cm。麝牛生活在北极圈内，它们长长的毛发能像厚厚的帘子一样挡住寒风。

有袋类

多数哺乳类的幼崽在母兽的子宫中充分发育后才出生，但袋鼠等有袋类的子宫很小，幼崽出生时发育不完全，需要爬到母兽的育儿袋中吸食乳汁，继续发育成长。有袋类是澳洲大陆最主要的哺乳类类群，也有少数种类分布于美洲。

袋鼠不会行走，而是利用强壮的后肢跳跃前进。这种运动方式非常高效，特别是育儿袋中有幼崽时。

猎豹是奔跑速度最快的动物，其速度可达 110 千米/时。但猎豹只能以这样的速度跑几秒钟，这是因为全速奔跑时会使它们的体温过高，使它们不得不停下来散热降温。

名人堂

珍妮·古道尔
Jane Goodall
1934 至今

珍妮·古道尔在她 26 岁时和坦桑尼亚森林中的一群黑猩猩一起生活了一段时间。在此期间，她观察并记录了这些类人猿的行为和交流方式，并阐述了黑猩猩的社群是如何运转的。她发现黑猩猩可以制造简单的工具用于收集食物。珍妮·古道尔的一生致力于研究类人猿并呼吁加强对野生动物栖息地的保护。

稳态与调节

所有生物体都具有一套稳态调节系统以维持其体内环境的相对稳定。人体的稳态调节系统持续不断地运作，从而维持体内环境适于其他各大系统的正常运作。稳态调节系统的主要功能是维持体温恒定以及水和其他物质的平衡。

维持体温恒定

人的正常体温在 37℃左右，明显高于环境温度，这将导致人体不断散失热量，这就需要特定的机制来维持体温稳定。当人体体温过低时，骨骼肌会震颤产热，将体温维持在正常水平。

- 厚实的衣物能帮助我们御寒，这是因为厚衣服能在我们身体外留住一层空气，空气的导热性能很差，因此能保温。

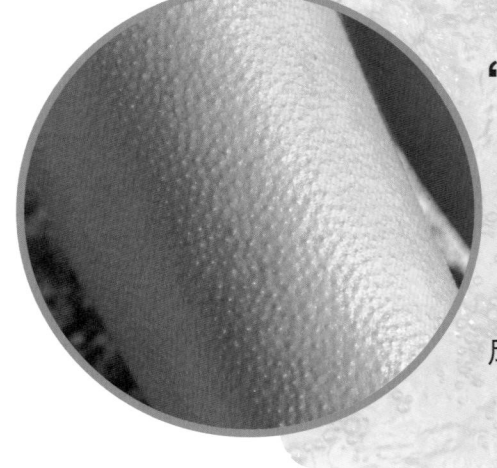

"鸡皮疙瘩"

和黑猩猩等类人猿一样，人的皮肤也是具有毛发的，只是这些毛发通常很细小，看上去不明显。在寒冷的环境中，这些毛发会竖起，形成"鸡皮疙瘩"一样的凸起。竖起的毛发有助于在皮肤上方形成一层空气层，从而减少热量散失。

- "鸡皮疙瘩"是由皮肤下微小的立毛肌形成的。立毛肌收缩时会牵拉毛发使之直立，同时在皮肤表面凸现一个小隆起。

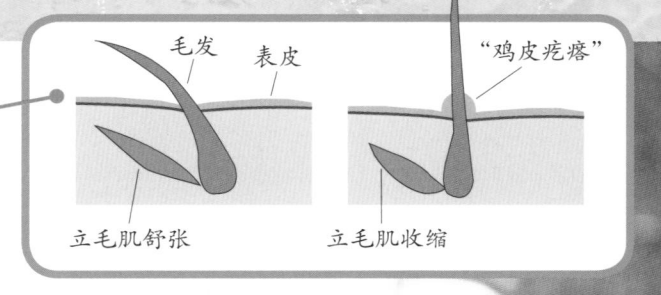

毛发　表皮　　　　"鸡皮疙瘩"

立毛肌舒张　　　　立毛肌收缩

美国医生坎农在大约100年前提出了"内稳态"一词并描述了内稳态平衡。除此之外，他还描述了"战斗或逃跑"反应，即面对危险时，人体由放松状态转变为应激状态的过程。在此过程中，人体内释放一种叫作肾上腺素的激素，在几秒钟内改变机体的内环境，从而将更多的能量分配给肌肉和感官以应对危险。

渗透压调节是稳态调节的重要部分，是机体用于保持水分平衡的机制。当机体缺水时，我们会感到口渴，从而饮水以补充水分。而过多的水分则会通过尿液排出。

在炎热的环境中，机体散去代谢产生的多余热量的主要方式是出汗，汗液从皮肤表面蒸发时能带走热量。

真皮层中的血管在体温调节过程中扮演着重要的角色。在寒冷的天气下，这些血管会收缩，通过血管的血流量减少，皮肤散热减少，因此皮肤会变得苍白。而在炎热的天气下，这些血管会扩张，通过血管的血流量增加，皮肤散热增加，此时皮肤会变得红润。

? 你知道吗　如果不饮水，人无法存活三天；如果不进食，却保持充足的水分，人体可维持三天以上。

消化与排泄

人体维持生命活动和生长发育所需的能量和物质来源于日常摄入的食物。消化系统将食物分解成人体能够吸收利用的小分子物质，而机体代谢产生的废物则由排泄系统排出体外。

消化道

消化的作用是将食物中复杂的大分子物质分解成能够被人体吸收利用的小分子物质，这一过程分为许多阶段，都是在消化道中完成的。消化道是从口腔到肛门贯通全身的管道，消化道和与之相连的消化腺分泌各种消化液，消化液中含有丰富的酶用于分解食物。食物消化产生的小分子物质被小肠壁吸收，进入血液。

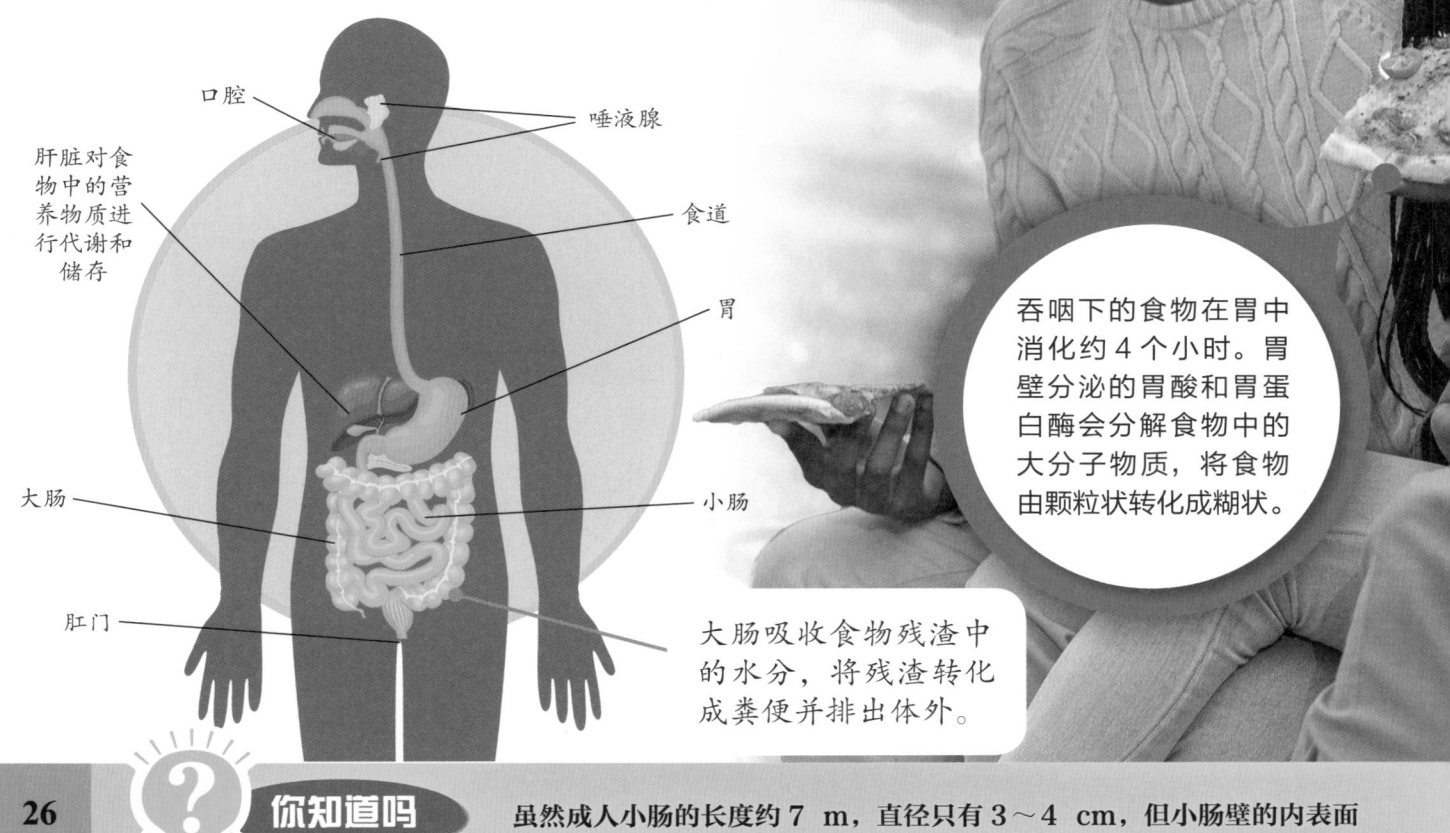

口腔

唾液腺

肝脏对食物中的营养物质进行代谢和储存

食道

胃

大肠

小肠

肛门

吞咽下的食物在胃中消化约 4 个小时。胃壁分泌的胃酸和胃蛋白酶会分解食物中的大分子物质，将食物由颗粒状转化成糊状。

大肠吸收食物残渣中的水分，将残渣转化成粪便并排出体外。

? 你知道吗　　虽然成人小肠的长度约 7 m，直径只有 3～4 cm，但小肠壁的内表面布满绒毛状的突起，能让小肠的吸收表面积扩展到网球场那么大。

人体全身的血液只需几分钟就能经肾脏过滤一次，血液中的代谢废物和一些有害物质经肾脏滤出，进入尿液中。

排泄

排泄是机体将生命活动中产生的代谢废物通过排泄系统排出体外的过程。肾脏收集血液中的代谢废物，与水一起形成尿液，尿液经输尿管流入膀胱中，在膀胱中暂时储存。当尿液的量达到膀胱容积的一半左右时，人会产生尿意，尿液经尿道排出体外。

消化过程始于口腔咀嚼食物。口腔分泌的唾液能润滑食物，使之易于吞咽。

名人堂

圣托里奥
Santorio
1561—1636

食物与消化的关系是由意大利科学家圣托里奥用长达 30 余年的长期实验证明的。他制作了一把有称重功能的椅子，并用它称量了自己每次饮食和如厕前后的体重，同时他也称量了每次摄入食物和排出排泄物的质量。他测定的数据显示排泄物的质量小于摄入食物的质量，证实了食物中的部分物质被人体吸收同化。

饮食与营养

和所有动物一样，人类需要摄入食物维持生命和健康。我们的食物来源于其他生物，主要是植物、动物和真菌。尽管食物的种类非常多样，但这些食物都含有组成人体所必需的物质。

三大营养素

碳水化合物、脂质和蛋白质是食物中最主要的营养物质。碳水化合物指的是包括淀粉在内的各种糖类，它们是人体的主要能量来源。脂质包括作为主要储能物质的脂肪和作为结构物质的磷脂和固醇，大脑干重的近60%都是脂质。蛋白质是人体最重要的结构物质，属于结构复杂、功能多样的大分子。在消化吸收的过程中，食物中的蛋白质会被水解成组成蛋白质的基本单位——氨基酸，氨基酸被用于合成构成我们身体的各种蛋白质。

这些食品中含有大量淀粉。淀粉属于多糖，是一类大分子碳水化合物。淀粉是由大量葡萄糖分子聚合形成的，它是米饭、面食等主食的主要营养成分。

蛋白质

肉、蛋和水产等动物性食品是蛋白质和脂质的来源，这些营养物质同样存在于某些植物性食物中，比如豆制品、坚果等。

名人堂

詹姆斯·林德
James Lind
1716—1794

瑞士海军医生詹姆斯·林德通过一个著名的实验揭示了维生素的重要作用。当时英国的水手们在漫长的航程中由于饮食结构十分单一而饱受坏血病的困扰。詹姆斯·林德尝试在他们的食谱中添加合适的水果使他们保持健康。经过实验，他发现柠檬的效果最好。之后的研究发现柠檬等柑橘类水果中含有大量可以预防坏血病的维生素C。

蔬菜和水果

果蔬等植物性食物富含膳食纤维，这是一种叫作纤维素的多糖类碳水化合物。纤维素不能被人体消化吸收，但它有助于保持消化系统的健康。

维生素

人类可以利用食物中的营养物质合成许多人体所需的物质，但人体必需的 13 种维生素通常需要从食物中补充。人体对维生素的需求量很少，但维生素在生命活动中发挥了不可替代的作用。一些维生素是人体自身无法合成的，因此我们需要摄入多种多样的新鲜食物以满足身体对各种维生素的需求。

糖

单糖和二糖常具有甜味，是市面上各种糖果的原料。食用糖果后，糖会在牙齿表面形成一层膜，一些细菌会在膜中生长、繁殖，它们产生的酸性物质会腐蚀坚硬的牙釉质。因此，在吃糖后最好等待 30 分钟左右刷牙以保护牙齿健康。

母乳是婴儿的第一餐，成年人也会食用牛奶、羊奶等奶类以及酸奶、奶酪等乳制品。

许多食品是用谷物制作的，常见的谷物有大米、玉米和小麦等。除了直接烹饪食用，一些谷物还能加工成面包、面条和通心粉等面食。

你知道吗

目前已知的昆虫种类中，至少有 1 900 种是人类可以安全食用的，全球约 20 亿人会经常食用蝗虫和蟋蟀等昆虫。

呼吸系统

呼吸系统能从空气中持续获取生命活动所必需的氧气。呼吸系统由气管、各级支气管和肺组成，空气经气管和支气管进入肺，在肺中进行气体交换。新鲜空气中的氧气通过肺进入血液，而作为代谢废物的二氧化碳则随呼出的气体排出体外。

呼吸周期

成人完成一个呼吸周期（从吸入到呼出空气）平均需要 4 秒。呼吸运动主要与膈肌的运动状态有关。吸气时膈肌下降，肺部扩张，新鲜空气通过鼻腔和气管进入肺。呼气时膈肌上升，完成气体交换的空气从肺中排出。

吸入肺中的新鲜空气中，约含有 21% 的氧气；而呼出的气体中，氧气的含量仅有约 16%。

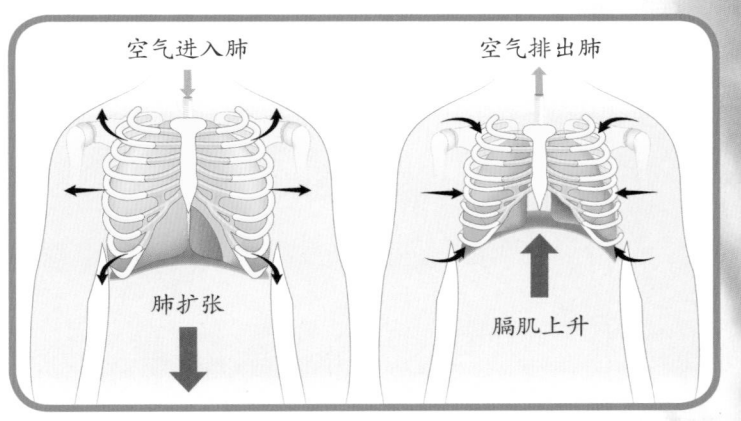

空气进入肺　　　空气排出肺

肺扩张　　　膈肌上升

● 肺是由大量被称为肺泡的小囊构成的。肺泡是进行气体交换的场所，其表面密布毛细血管网。空气中的氧气通过毛细血管网进入血液，而血液中的二氧化碳则以相反的方向排出。

？ 你知道吗 目前记录显示，世界憋气最久的人是西班牙自由潜水员亚力克斯·塞古拉，他能在水下屏息 24 分钟 3 秒。

咳嗽和打喷嚏

当呼吸道堵塞或受到异物刺激时，人体通过咳嗽或打喷嚏使呼吸道恢复畅通。在咳嗽时，我们会先深吸一口气，然后声门关闭以阻断气流，使肺内气压升高。当压力足够高时声门突然打开，强大的气流将呼吸道中的异物带出。

呼出的空气中含有大量从肺中带出的水蒸气，能在寒冷的天气下形成水雾。

打喷嚏时，舌头位置发生变化，有助于气体从鼻腔中喷出。

一个人每天平均呼吸近万升的空气，足以充满四五十个酒桶。

名人堂

盖伦
Galen
129—216

希腊医生盖伦曾救治在罗马斗兽场激战中受伤的角斗士，在这个过程中，他观察了大量的人体的内部构造，也解剖了许多死猪等动物尸体用于学习。他首次尝试用风箱向肺中鼓入空气，也首次展示了肺和咽喉通过气管连接。此外，他还指出用于发音的声带位于气管顶端。

31

循环系统

循环系统由心脏、血管和血液组成。血液是将氧气和营养物质输送至全身并带走全身代谢废物的液体组织。心脏将血液通过血管泵往全身各处。

双循环

人类的循环系统是由两个循环构成，较大的循环（体循环）将血液输送至除肺外的全身各处，为全身各组织供应营养物质和氧气；较小的循环（肺循环）连接心脏和肺，使血液在肺中进行气体交换。

经常运动有助于保持心脏和循环系统的健康，一些让你感到累的运动可能对此有帮助。

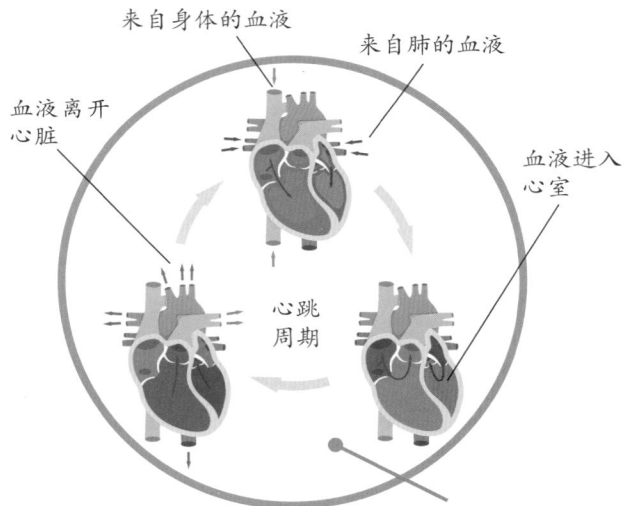

来自身体的血液

来自肺的血液

血液离开心脏

血液进入心室

心跳周期

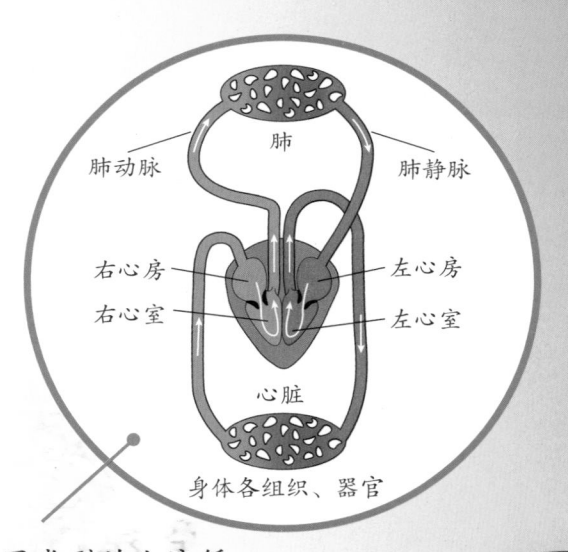

肺动脉　　肺　　肺静脉

右心房　　　　　左心房

右心室　　　　　左心室

心脏

身体各组织、器官

● 心脏的两侧各负责不同类型的血液循环。静脉收集的血液流入心脏上部的心房，之后血液进入心脏下部的心室。随后心室收缩，将血液经动脉泵出。

名人堂

威廉·哈维
William Harvey
1578—1657

古代的医生曾认为血液从心脏泵出后被全身各组织吸收，而身体每时每刻都在制造新的血液。时任英国皇室御医的威廉·哈维认为这种说法是错误的。1628年，他通过动物实验证实了自己的猜想，确认血液是在血管形成的闭环中流动的。

血管

血液从心脏中流出，再由动脉输送至全身的血管中，动脉的平滑肌会随心跳节律一起收缩，以推动血液流动，并形成我们可以感知到的脉搏。流经身体各处的血液通过静脉回流到心脏，静脉中的静脉瓣能防止血液倒流。

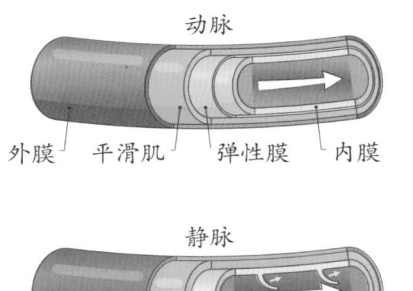

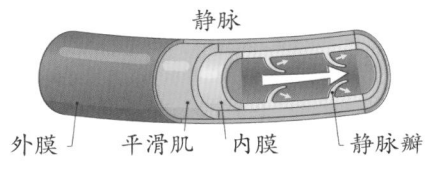

● 血液中最多的血细胞是双凹圆盘状的红细胞。红细胞内的血红蛋白能携带氧气，并将氧气运输至全身各处。

成年人静息状态下的心率为 60～100 次／分，儿童的心率略高于成人。

在进行剧烈运动时，心跳速率和呼吸速率都会加快，从而为活动提供足量的氧气。

骨骼

成人的骨骼系统由 206 块骨骼组成，然而新生儿时期大约有 270 块骨骼，随着生长，一些较小的骨块会发生融合。骨骼系统是我们身体的框架，它赋予我们身体特定的外形与强度，能保护我们柔软的器官，同时为肌肉和韧带提供附着点。

关节

两块骨骼的连接处被称为关节，关节分为可动关节、微动关节和不可动关节，而身体的运动依靠的是可活动的滑膜关节。在这类关节中，骨骼由有弹性的韧带相连接。人体共有 7 种常见的滑膜关节，每种都能以扭转、屈曲或旋转等方式活动。

人体的中轴骨骼包含 80 块骨头，包括由 33 块脊椎骨构成的可活动的脊柱、24 块肋骨、22 块用于容纳脑的颅骨以及 1 块胸骨。

PA Upright

骨

肌肉

关节滑液

关节腔

软骨

肌腱

骨

● 在滑膜关节中，骨骼连接处被充满液体的空腔所包裹，骨骼的末端覆盖有一层软骨组织。

名人堂

玛丽·利基
Mary Leakey
1913—1996

利基家族从事考古工作，以发掘百万年前东非地区人类远祖的化石而闻名。玛丽·利基发掘出一具早期非洲类人猿的骨骼化石，这具化石被认为是人类、黑猩猩和大猩猩的共同祖先，生活于距今约两千万年前。

34 你知道吗

人体内最小的骨骼是中耳内听小骨中的镫骨，它的作用是将声波从鼓膜传导到内耳。

颅骨

脊柱

肱骨

肋骨

桡骨

骨盆

股骨

胫骨

骨的结构

　　骨是由骨细胞组成的活体组织。骨细胞被一种叫作磷酸钙的坚硬矿物质所包裹，还含有大量胶原蛋白，使骨骼既坚固又有一定的韧性，股骨的强度甚至高于钢材。人的骨骼并不是实心的，其内部海绵状的结构以减轻支撑质量。

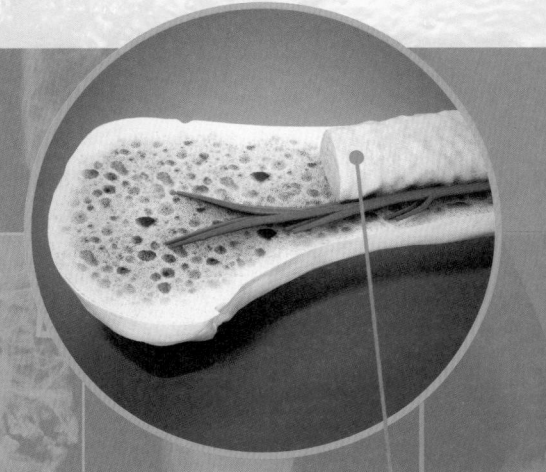

大型骨骼的骨髓中含有造血干细胞，是产生红细胞等血细胞的场所。

人体的上、下肢的骨骼统称为附肢骨骼。人体的手和脚的骨骼总数比其他部位骨骼的总和还多。

肌肉

人体有数百块肌肉，分为三类：心肌、平滑肌和骨骼肌。心肌仅分布在心脏中，它可以持续收缩，不会疲劳，因此可以维持心脏不停地跳动。平滑肌分布在消化道和动脉等管状器官中。骨骼肌是人体中质量最多的组织，有 650 余块，是运动系统的重要组成部分。

肌细胞如果持续收缩会产生大量代谢产物如乳酸，乳酸大量积累会引发肌肉酸痛，说明此时肌肉需要休息。

关节的运动

骨骼肌只能通过收缩牵拉骨，不能推开骨，因此关节的运动需要成对的肌肉（肱二头肌和肱三头肌）配合完成，其中一组肌肉收缩，另一组肌肉舒张。当肱三头肌收缩时，关节伸直；而肱二头肌收缩时，关节弯曲。

肌肉是由数十亿条微小的肌纤维（主要成分是肌动蛋白、肌球蛋白）聚集成束形成的。

肱三头肌收缩　　　　肱二头肌收缩
肱二头肌舒张　　　　肱二头肌收缩
肱三头肌收缩　　　　肱三头肌舒张
关节伸直　　　　　　关节弯曲

● 肌肉通过肌腱附着于骨骼上。肌腱不易拉伸，因此可以将肌肉收缩的力传导给骨骼，从而使关节活动。

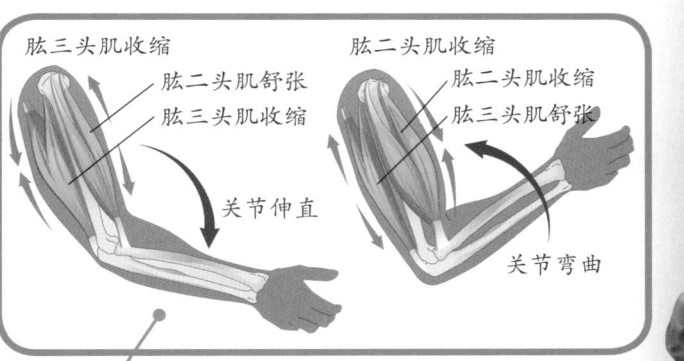

名人堂

路易吉·伽伐尼
Luigi Galvani
1737—1798

1780 年，意大利科学家路易吉·伽伐尼发现当电流流过蛙的肌肉时，肌肉会收缩。他认为神经元和肌肉可以产生生物电，即使在动物刚刚死亡时，其产生的生物电也不会立即消失。他的发现启发了电池的发明。此后的研究发现肌肉收缩确实是由肌细胞电荷变化所驱动的。

食物

食道

贲门

胃

平滑肌

消化道管壁上的肌肉组织属于平滑肌，其强度低于骨骼肌。平滑肌的肌纤维既有纵向排列的，也有环形排列的。在消化道中，这两类平滑肌按一定节律收缩，推动食物在消化道中前进。

平滑肌节律性的收缩表现为消化道的蠕动。富含膳食纤维的食物可以促进消化道蠕动，有助于消化。

经常锻炼会使肌肉变得更发达。剧烈运动后，可能会造成一些肌肉的肌纤维轻度受损，当机体修复这些损伤时，新生的肌肉可能会更粗壮、结实。

当关节过度弯曲时，连接肌肉和骨骼的韧带会被过度拉伸，造成扭伤。此时应立即休息，以修复韧带。

你知道吗

人体中最小的肌肉是镫骨肌，它的长度不足 2 mm。其作用是固定中耳内微小的听小骨，而减少巨大声响对听觉神经造成的损伤。

神经系统

神经系统是贯穿我们身体各部位的"电线"，由中枢神经系统和周围神经系统两部分组成。中枢神经系统包含大脑和脊髓，周围神经系统则是由像电线一样遍及身体各处、彼此相连的神经元组成。神经元从感觉器官（感受器）收集信息并传导给中枢神经系统，信息经大脑等处理后将信号通过神经元传递给肌肉等效应器，使机体做出适当的反应。

额叶　　　顶叶

颞叶

脊髓　　　小脑

枕叶

大脑皮层的功能分区

大脑外层的组织称为大脑皮层，人类的大脑皮层分为四个功能区。其中前额叶负责判断与决策，枕叶负责视觉，顶叶和颞叶负责语言、记忆和其他感觉。

- 位于大脑后下方的小脑是运动的重要调节中枢，可以使肌肉的运动流畅而协调。

- 感觉神经将感受器产生的神经信号传入中枢神经，运动神经将中枢神经发出的神经信号传出至效应器。

反射动作

并不是所有的动作都由大脑控制。一些基本简单的反射动作是受脊髓控制的，例如碰到尖锐或灼热的物体时发生的缩手反射。在简单反射中，神经信号并不会传入大脑，而是由传入神经传导到脊髓，然后经传出神经传递给肌肉，形成一个完整的反射弧。反射运动可以保证机体在受到刺激的第一时间就做出反应，从而更好地避免身体受到伤害。

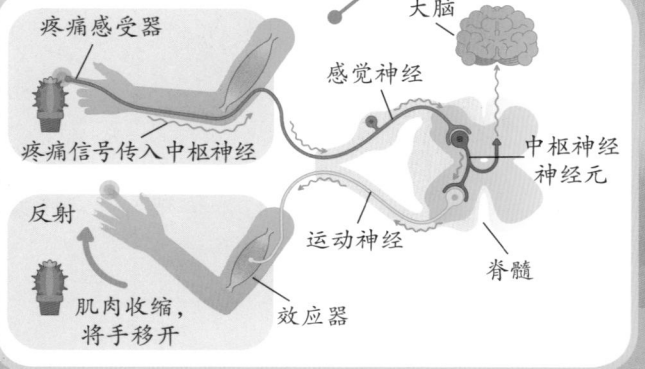

疼痛感受器

疼痛信号传入中枢神经

反射

肌肉收缩，将手移开

大脑

感觉神经

中枢神经神经元

运动神经

脊髓

效应器

大脑皮层的外层主要由灰质构成。灰质是神经细胞的细胞体密集的部位，还含有大量神经元之间相连接的结构——突触。

除了灰质外，大脑的中央部位还存在着大量白质。这是神经细胞轴突密集的部位，轴突的外部被富含脂质的髓鞘保护层包裹以增加神经信号传递的速度和稳定性，也使此处组织看上去发白。轴突是神经信号以电流的形式长距离传导的介质，就像电线一样。

脑干位于脑的基部，负责调控呼吸、吞咽和体温等基本生理功能。

人们曾认为信息仅以电信号的形式在脑和神经中传输，但西班牙微生物学家卡哈尔发现神经元之间并没有直接连接，而是存在被称为突触间隙的空间。电信号不能跨越突触间隙传播。当神经信号传导至突触时，电信号会转化成被称为神经递质的化学信号，神经递质可以跨过突触间隙，将信息传递给下一个神经细胞。

你知道吗　一个成人的大脑约有超过 1 000 亿个神经元，如果把人脑比作电脑，那么它可以存储约 7 万亿千兆字节的数据。

39

感觉与感官

通常认为人体有 5 种感觉：视觉、听觉、嗅觉、味觉和触觉，不过这是一种非常简化的概括。人类的感官持续收集来自周围环境和我们身体的信息，这些信息经大脑处理加工后形成我们的感觉。

皮肤中有数以百万计的触觉受体，可以感受诸如扎刺和挤压等不同类型的刺激。

视觉

眼睛的工作原理类似相机拍照。光线透过角膜，经瞳孔入眼，由晶状体聚焦后在眼球后方的视网膜上成像。当光线照射视网膜上的视细胞时，视细胞会产生神经信号，许多这样的神经信号组合成图像信息，这些信息经视神经传入大脑，经大脑处理后形成我们看到的图像。

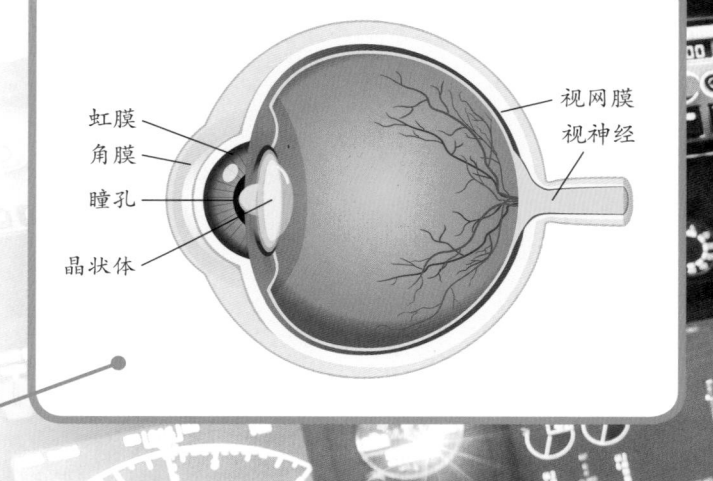

虹膜
角膜
瞳孔
晶状体
视网膜
视神经

- 虹膜可以控制瞳孔的大小，从而调节进入眼中光线的量。在昏暗的环境中瞳孔放大，而在明亮的环境中瞳孔缩小。

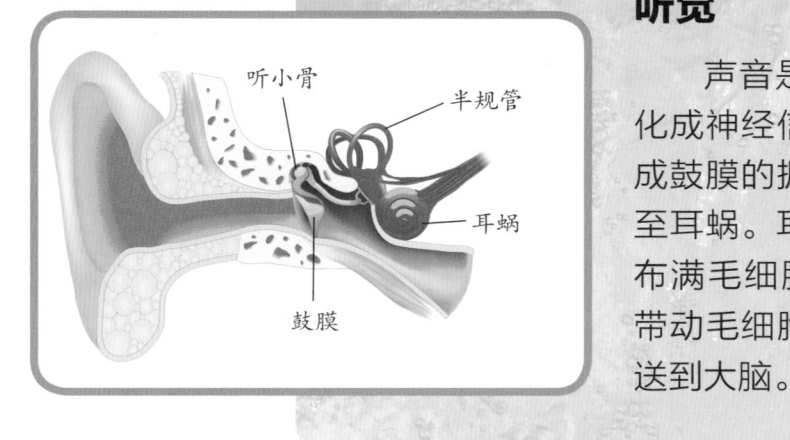

听小骨
半规管
耳蜗
鼓膜

听觉

声音是由空气振动产生的，耳是将声波转化成神经信号的器官。声波经外耳进入后转化成鼓膜的振动，鼓膜的振动经三块听小骨传导至耳蜗。耳蜗是充满液体的螺旋形结构，内壁布满毛细胞。耳蜗的振动使内部的液体流动，带动毛细胞摆动形成神经信号，通过听神经传送到大脑。

你知道吗 每种气味通常是多种不同的物质混合形成的，人类的鼻子能区分近万亿种不同的气味。

嗅觉和味觉是由位于舌、牙龈和鼻腔内的化学感受器产生的。舌头可以品尝出至少5种味道，而鼻子可以嗅出空气中的近万亿种气味。

鼻腔
嗅觉受体
鼻孔
口
舌
气管

耳既是听觉器官，也负责感知平衡。大脑通过内耳半规管中体液液面位置的变化来感知头部方位的变化。当头部方位变化过于剧烈时，半规管中体液会出现混乱，我们会感到头晕目眩。

名人堂

伊本·海什木
Ibn al-Haytham
965—1040

中世纪阿拉伯科学家伊本·海什木首次用实验证明了视觉产生于外界物体反射来的光线在人眼中成像。在此之前，人们普遍认为眼睛会发射出不可见的光束来扫描物体，反射回眼中的光束形成视觉。海什木用平面镜和透镜完成的一系列光学实验有助于理解进入眼中的光线如何通过聚焦形成清晰的图像。

免疫与疾病

我们的身体每时每刻都在遭受其他生物的侵入和攻击。这些导致疾病的生物统称为病原体，包括细菌、病毒、真菌和寄生虫。免疫系统的功能是防止外界病原体侵入体内，并且消灭已经入侵的病原体。

当免疫系统全速运转以对抗病原体时，人体的体温会升高，从而加快代谢。因此，发烧症状可以作为感染疾病的明确标志之一。

凝血作用

皮肤是抵御病原体的第一道防线，可以阻止病原体和其他有害物质进入体内。当皮肤破损时，伤口流出的血液会快速凝固结痂，形成坚固的疤痕，从而防止病原体通过伤口进入体内。

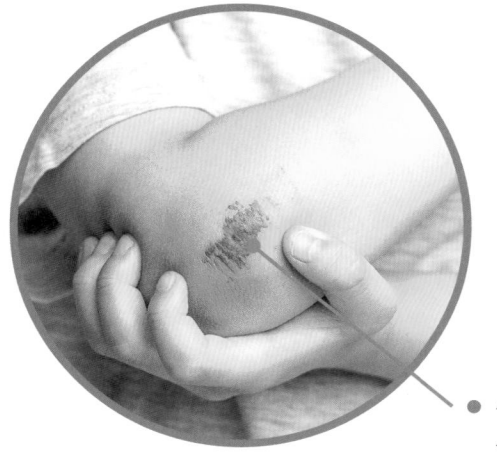

● 伤疤是由血液中链状的蛋白质分子（纤维蛋白）交联成网状所形成的。当破损的皮肤逐渐修复愈合时，伤疤会慢慢干燥脱落。

白细胞

白细胞的功能是发现和消灭侵入人体内的病原体。血液中有几种功能不同的白细胞，有些会分泌一类叫作抗体的蛋白质来标记和攻击病原体，另一些则会将被标记的病原体清除。一些白细胞会分化成记忆细胞，当同种病原体再次入侵时，能够迅速启动机体的免疫反应。

你知道吗 诸如花粉过敏症和哮喘等过敏反应，通常是免疫系统把花粉等无害的物质当成病原体进行攻击造成的。

免疫系统运转会消耗大量能量，因此我们在生病时很容易感到疲惫。

病原体可以扩散到人体的任何部位。淋巴系统是贯穿人体内的每个角落的一套管道系统，它能收集组织液并滤除其中的病原体。

名人堂

奥兹莱姆·图尔兹
Ozlem Tureci
1967—

德国医生图尔兹是参与研发新型冠状病毒疫苗的科学家之一。新型冠状病毒引发了一种新型呼吸道传染病（COVID-19），在 2020～2023 年造成约七百万人死亡。新型冠状病毒疫苗能够训练免疫系统对抗新型冠状病毒，从而减轻感染时的症状并大大降低病死率。

生长与发育

通常来说，女孩大约在 15 岁、男孩大约在 18 岁时身高达到成人的高度，以后的增长十分有限。即使此时青少年的体格已经和成人相仿，但他们的脑和神经系统仍会继续发育到 24 岁。人体生长速度最快的时期是胚胎期——微小的受精卵经过约 280 天的发育就能长成 3 kg 左右的婴儿。

> 子宫内的胚胎既不需要呼吸也不用进食，他们通过胎盘从母亲的血液中获取氧气和营养物质。

胚胎发育的三个阶段

胚胎在子宫内的发育分为三个阶段。在第一阶段，胚胎发育出所有的身体结构和内部器官。到了第二阶段末期，胚胎已发育成各项身体机能基本完善的胎儿，如果此时胎儿早产，经过有效的救治通常是可以成活的。在第三阶段，胚胎发育的主要任务是增加体重并在皮下积累脂肪。

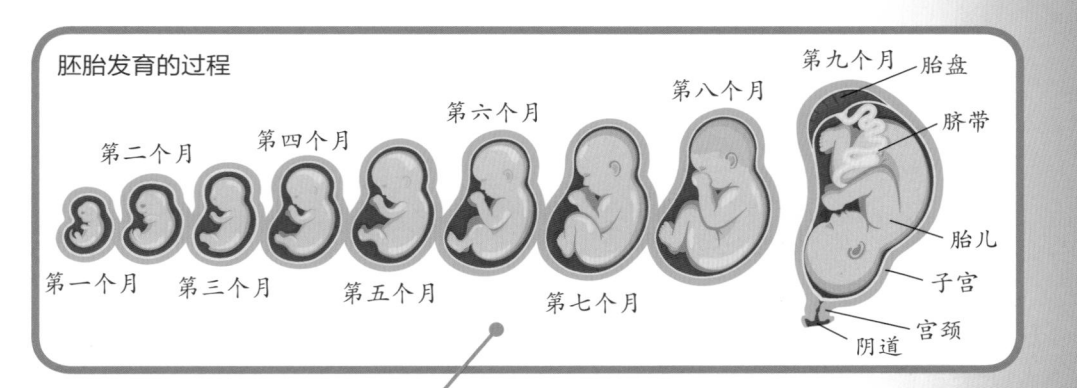

胚胎发育的过程

第一个月　第二个月　第三个月　第四个月　第五个月　第六个月　第七个月　第八个月　第九个月

胎盘　脐带　胎儿　子宫　宫颈　阴道

● 在妊娠的第 9 个月，胎儿的身体翻转，头部向下朝向宫颈，从而为分娩做好准备。

名人堂

生理学家
克利欧佩特拉
Cleopatra
约公元 1 世纪

这位鲜为人知的古希腊女医生兼作家编写了最早的妇产科专著之一，这本书中介绍了有关女性生殖系统的医学研究。

儿童期

儿童的生长发育很快。当婴儿1周岁时，他的身高是刚出生时的2倍，体重是刚出生时的3倍。在2周岁时，他的身高可以到达成人的一半，但体重在10岁之前无法达到成人的一半。

女孩在10岁前后，男孩在12岁前后，开始由儿童期进入青春期。在青春期，青少年的生长速度再次加快，并开始出现第二特征。

在妊娠期的后半段，胎儿身披毛发和黏液，直到出生前才脱落。

胚胎通过脐带与胎盘相连。婴儿出生时，脐带被剪断并随即脱落，在腹部留下肚脐。

光合作用与呼吸作用

地球上生活的所有生物都需要能量来维持生命活动。生物利用的能量主要来源于两个途径：光合作用和呼吸作用。光合作用将光能转化成化学能储存在有机物中，呼吸作用则将有机物中的化学能释放出来用于各种生命活动。

叶绿体

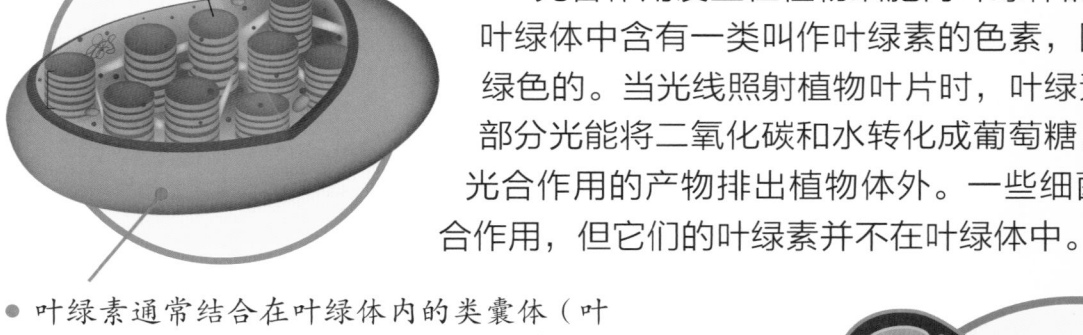

类囊体

光合作用发生在植物细胞内叶绿体的类囊体膜上。叶绿体中含有一类叫作叶绿素的色素，因此看起来是绿色的。当光线照射植物叶片时，叶绿素分子能吸收部分光能将二氧化碳和水转化成葡萄糖，而氧气作为光合作用的产物排出植物体外。一些细菌也能进行光合作用，但它们的叶绿素并不在叶绿体中。

● 叶绿素通常结合在叶绿体内的类囊体（叶绿体内堆叠成垛的囊状结构称为类囊体）膜上。叶绿素看上去是绿色的，因为它可以吸收红光和蓝紫光并反射绿光。

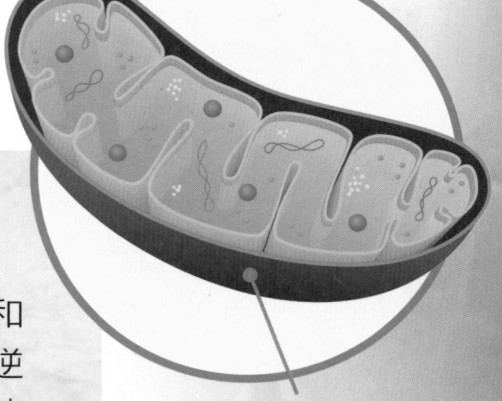

线粒体

呼吸作用将糖类氧化分解成二氧化碳和水并释放能量，某种程度上是光合作用的逆反应。大部分的生物的呼吸作用是在线粒体中进行的。在呼吸作用中，糖类和氧气经过多步反应，将能量平缓地释放。呼吸作用产生的二氧化碳从动物体内排出，可用于植物的光合作用。

● 线粒体有两层膜，呼吸作用主要发生在线粒体的内膜附近，线粒体的内膜高度折叠以增加表面积。

植物是自养型生物，能够通过光合作用制造生命活动所需的营养物质，这些营养物质在需要时会被用于呼吸作用。

动物是异养型生物，需要通过摄食其他生物来获取维持生命活动所需的能量和物质。

蜂鸟悬停进食时会消耗大量的能量，而它的肌细胞中含有大量的线粒体，可以通过呼吸作用满足机体对能量的需求。

名人堂

简·英格豪斯
Jan Ingenhousz
1730—1799

荷兰生物学家简·英格豪斯于 1779 年发现了光合作用。那个时候，科学家们刚刚知道空气是由氧气和二氧化碳等不同的气体组成的，他们也了解植物在不同的环境下会释放不同的气体。英格豪斯发现植物只有在光照下才能释放氧气。

 你知道吗

生物的光合作用出现于约 35 亿年前，在此之前，地球上的空气中没有氧气，氧气对当时大多数的生命体来说是有毒的。

植物的结构

无论是高大的树木还是矮小的草本植物，不同植物都有着相似的结构。植物常用纵横交错的根来吸收水分和矿质元素，用通常分支的茎来支撑郁郁葱葱的叶进行光合作用。

维管束

多数植物的根、茎、叶由内部的维管束相连通。维管束分为木质部和韧皮部两部分。木质部由两端贯通的死细胞组成，既可以运输根部吸收的水和溶于水中的无机盐，又可以为植物体提供机械支撑。韧皮部由活细胞组成，可以将叶通过光合作用制造的有机物运至植物体各处。

树木枝干中较老的木质部导管常被侵填体充满，形成坚硬的木材，因此树干具有很高的强度。最高的树木高度超过 100 m。

● 水在木质部中由下至上运输，而有机物在韧皮部中可以双向运输。

● 气孔多位于叶片的下表皮上，这样有助于保持水分，减少因阳光直射而造成的水分蒸发。

叶的解剖结构

叶是植物进行光合作用的器官。叶片通常薄而扁平，这样的形状有利于尽可能多地吸收阳光。由于阳光是从上到下照射在叶片上的，因此靠近叶片上表皮的细胞（栅栏组织）具有较多的叶绿体以利于捕获光能。光合作用需要的水由叶脉提供。二氧化碳通过叶片下表皮的气孔进入叶片下层疏松的海绵组织中。

 你知道吗

世界上最大的植物之一是生长在美国的一丛名为"潘多"的美洲山杨（*Populus tremuloides*），这是一片由约数万棵地下根茎彼此相连的树木形成的树林。

从学生时代起，艾格尼斯·阿尔伯就很喜欢植物学。经过漫长的求学，她成为一位植物学家并出版植物学类书籍。她精通针叶树和禾草类植物相关的研究，她最具突破性的工作是对植物体各部位进行科学且系统的描述。

根系不仅需要吸收水分，也需要呼吸空气，通过呼吸作用产生能量。这些水生的红树植物具有坚硬的木质呼吸根，它们挺出水面以进行气体交换，从而维持淤泥中的根系的呼吸作用。

树皮和木材的主要组成成分不同。树皮的主要成分是木栓质，像蜡一样可以防水；树皮中还常含有芳香油和树脂，可以防止昆虫等生物的入侵。

植物的繁殖

种子植物是现今地球上最繁盛的植物类群，包括被子植物和裸子植物，它们都用种子繁殖后代。种子是由花粉粒中的雄性生殖细胞与胚珠中的胚囊融合后发育而来的，因此种子的形成必须经历传粉过程，而花粉主要依靠风、水或动物在不同植株之间传播。

花朵的色彩和香气可以吸引昆虫和其他动物取食富含糖分的花蜜，同时完成传粉。

柱头

雄蕊

子房

花瓣

花

花是植物的繁殖器官。花粉是在雄蕊的花药中产生的，而胚珠则着生于雌蕊基部的子房内。依靠风传粉的花（风媒花）具有如灰尘般干燥、轻盈的花粉，易于随风飘散。通过昆虫传粉的花（虫媒花）的花粉常具有黏性，有利于附着在昆虫身上。当花粉粒落到同种植物雌蕊的柱头上时，会萌发并向下长出花粉管，将生殖细胞输送到胚珠中。

● 传粉完成后，胚珠发育为种子，而包裹胚珠的子房壁则发育成果实。果实的作用是保护种子并将种子散播到远离母株的适宜环境中。

名人堂

卡尔·冯·弗里希
Karl von Frisch
1886—1982

蜜蜂以其独特的"舞蹈"而闻名，这种"舞蹈"用于告诉同类蜜源的方位和距离。奥地利生物学家卡尔·冯·弗里希成功破译了蜜蜂"舞蹈"的含义，并因此获得了 1973 年的诺贝尔奖。

? 你知道吗

最小的花粉来自勿忘草的花，其直径只有几微米，和细菌差不多大。

种子的萌发

种子发育成新植物的过程称为萌发。种子发芽受温度、水分和日照长短等条件控制。当条件适宜时，种子就会萌发长出幼苗，幼苗向光、向上生长。种子通常具备储存了大量营养的胚乳或子叶，能在幼苗光合作用制造营养之前供应生长。

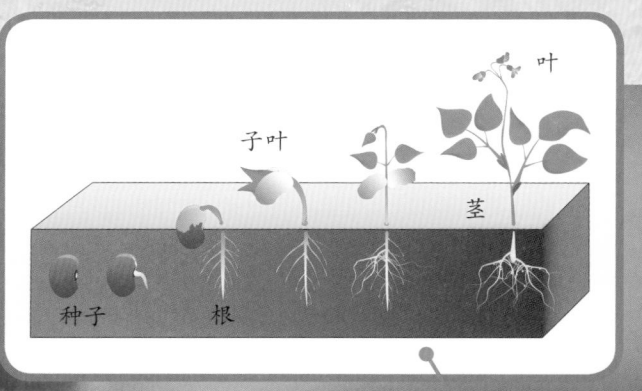

幼苗的根由种子的胚根发育而来。根朝向重力方向而远离阳光，垂直向下生长，与茎的生长方向相反。

蜜蜂是最重要的传粉动物之一，它们采集花蜜和花粉带回蜂巢中储存。花蜜会被加工成蜂蜜，和花粉一起作为蜜蜂的主要食物。

携带花粉的传粉动物在不同的花朵间穿梭，从而为植物完成传粉。尽管一些传粉动物也会取食花粉，但剩余的花粉足以满足植物繁殖的需要。

极端生境中的植物

　　阳光、水和矿质元素是植物生长必需的三要素，但在地球上的很多环境中，部分要素缺乏。生长在这些地区的植物进化出特殊的身体构造和生命周期以适应这些极端生境。

沙漠生境

　　生长在沙漠中的植物一年中的大多数时间都在"等待"雨水，而当降雨来临时，雨水会通过疏松的砂砾迅速流失。因此，沙漠植物扎根较浅但根系蔓延范围很广，纵横交错的根系网络可以从大面积的土地中吸收水分。雨后，沙漠植物在土地干燥前竞相开花结籽，成熟的种子在干燥的沙土中休眠，等待下一个雨季的到来。

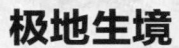

● 生石花生长在南非的沙漠中，每株生石花有两枚鹅卵石般的肉质叶片。

极地生境

　　对植物来说，极地生境的极寒地区和沙漠一样缺水，这里水被冻结成冰，植物难以吸收。高纬度地区的冬季漫长且缺乏日照，在此生长的针叶树等植物只能在冰雪消融的夏季进行短暂的生长。由于针叶树来不及在短暂的春季重新生长叶子，因此它们的叶子通常终年常绿，以保证生长期的全部时间都能进行光合作用来维持生命需要。

● 针叶树的叶特化成针状，可以降低冬季冰霜对枝叶的损伤。

西尔维亚·埃德隆德
Sylvia Edlund
1945—2014

西尔维亚·埃德隆德是一位研究北极植物多年的加拿大植物学家。北极苔原是分布在北极地区的植被带，那里绝大多数的土层全年冻结，只有最顶层的冻土会在夏季融化，一些矮小的植物能在几周内萌芽生长。埃德隆德发现在融雪的滋养下，苔原的峡谷中生长着茂密的植被。

仙人掌是美洲沙漠中最常见的植物，它们用肥厚的肉质茎储存大量的水分。绿色的茎还可以进行光合作用。

巨型仙人掌的根系浅但延伸范围广，可以从大面积的土地中收集雨水。

仙人掌没有明显的叶片，它们的叶特化成针状，用于防止植食性动物啃食肥厚多汁的肉质茎。

你知道吗　生长在南非沙漠中的百岁兰（*Welwitschia mirabilis*）寿命长达近2 000年。百岁兰只有两片叶，但每片叶可以长达两三米。

动物的身体结构

据估计，全世界共有数百万种动物，仍有很多物种目前不为人所知。每种物种都为适应特定的生活环境进化出不同的身体结构和体型，多数动物的身体结构有利于积极运动以获取食物。

鱼类的硬骨和软骨构成了骨骼系统，骨骼系统像框架一样赋予鱼类的身体相对固定的形态。

动物的对称性

从细小的蠕虫到巨大的鲸鱼，多数动物是两侧对称的，也就是说它们身体的左右两侧呈镜像对称。两侧对称动物的身体有头尾和背腹之分。水母等刺胞动物的身体通常是圆形的，呈辐射对称，而海绵等少数原始的动物类群身体形状不规则，不具对称性。

● 这条蜈蚣的身体由许多结构基本一致的体节组成。许多动物都具有分节的躯体，不同体节行使不同的功能[1]。

变态发育与换毛（羽）

许多动物的生长过程经历变态发育，如昆虫和两栖类。这些动物的幼体与成体无论是形态还是生活习性都有很大的差异，例如蝴蝶的幼虫——毛虫以叶片为食，成虫则吸食花蜜。与之类似，许多鸟类和哺乳动物在冬季会长出更加厚实的羽毛或毛发，到夏天则会脱落。

● 在寒冷的冬季，这只日本猕猴泡在火山温泉中取暖。它的皮毛在冬季会变厚，在春季则会变薄。

1 多数动物不同体节的结构和功能差异很大。

法国动物学家皮埃尔·贝隆是比较解剖学的创始人。他比较了不同动物类群（如人和鸟类）的身体结构，寻找彼此间的相同和不同之处。他这样做的目的是理解动物乃至所有生物的进化过程。

海葵看上去很像花朵，早期生物学家认为它们属于海藻，但实际上所有的海葵都是依靠捕猎为生的动物。

海葵的身体没有坚硬的部位，它们的组织内充满水，形成液压骨骼（又称流体力学骨骼），这使得它们的身体柔软且灵活但又能维持一定的形状，为肌肉提供支撑。

❓ 你知道吗　据现有的研究发现，世界上体长最长的动物并不是体型最大的蓝鲸，而是刺胞动物管水母。管水母长达四十多米，几乎是蓝鲸体长的一两倍。

动物的运动

动物有多种运动方式，游动是最原始的运动方式。多数水生动物通过扭动身体、摆动鳍肢来游动。头足类的鱿鱼则通过喷射水流来推动身体在水中快速后退。陆生动物通常用腿脚行走、奔跑或爬行，许多没有附肢的动物依然可以在陆地上行动自如。

飞行或滑翔

陆地运动的动物经常尝试脱离地面。比如人在行走的过程中，一只脚着地、一只脚离地。而动物在高速奔跑时，可以短暂地四足腾空跳跃前进。一些动物甚至可以滑翔——从高处跃入空中，然后缓慢而受控地降落在低处。蜜袋鼯等滑翔高手可以在空中停留数秒。

一些动物通过跳跃的方式前进，其中以袋鼠最广为人知。当袋鼠跳跃时，它的身体向前倾斜，同时抬起长长的尾巴用来保持平衡。

● 真正的飞行是通过扇动翅膀产生升力，使动物能直接从地面起飞。目前研究显示，只有昆虫、鸟类、蝙蝠和已灭绝的翼龙这四类动物具有真正的飞行能力。

名人堂

埃德沃德·迈布里奇
Eadweard Muybridge
1830—1904

埃德沃德·迈布里奇是动画技术的开创者。他利用许多台相机排成一列并按照顺序拍摄一系列照片，然后将这些照片整合成简单的视频。利用这种方法，他记录了许多动物（主要是马匹）的不同的运动方式。他的视频显示，在动物行走、慢跑和快速奔跑时，它们的四肢是以不同的方式运动的。

56

爬行

　　蛇没有腿，蠕虫、毛虫和蛆虫没有发达的附肢。这些动物依靠细长的躯体在地面爬行，主要通过三种方式：方式一，依靠身体上下蠕动前行；方式二，依靠身体左右扭动前进；方式三，像波浪一样摆动身体横向移动。

● 这条蛇用横向移动的方式在松软的沙地上行动自如。

袋鼠短小的前肢用于抓握食物、清洁毛皮甚至"拳击"竞争对手！

袋鼠的脚很大，连接腿和脚的肌肉的韧带弹性很强，从而帮助袋鼠弹跳时节省能量。

? 你知道吗 幼小的蜘蛛能用带有静电的蛛丝作为"风帆"，像热气球一样乘风飘荡，它们通过这种方式可以迁徙到很远的地方安居乐业。

动物的繁殖

生物的目标不仅是存活，而且还通过繁殖来增加种群数量。动物会把部分资源分配到繁殖后代上，甚至为了繁殖不吃不喝。有性生殖是动物繁殖最普遍的方式，其后代的遗传物质继承自双亲。许多动物在特定环境下还会采用其他生殖方式以提高繁殖效率。

这只蚜虫通过孤雌生殖产下雌性后代，生下的若虫只有母亲，没有父亲。由于不需要花时间寻找配偶，这些蚜虫的繁殖速度非常快。

以量取胜

多数较低等动物会把有限的资源投入繁殖大量的幼体中。雌性个体产下大量很小的卵，由雄性个体完成受精。成体通常不会照顾如此大量的后代，因此绝大多数后代无法存活到能够繁殖的年龄。尽管如此，这种"广种薄收"的繁殖策略仍可以在环境适宜时使动物的种群数量快速增加。

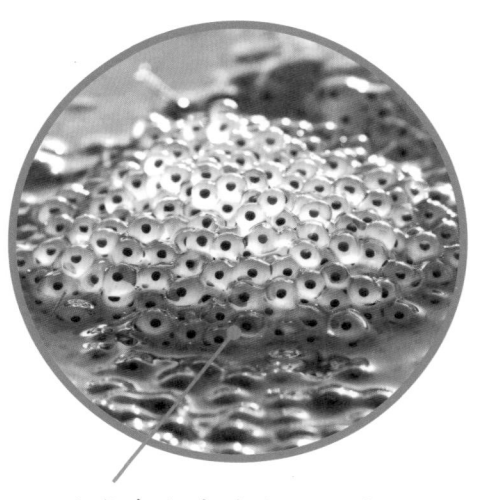

● 蛙类在水中产卵后就会离开，不会照顾卵和幼体。蝌蚪孵化后只能自食其力，其中绝大多数蝌蚪活不到成年。

名人堂

亚里士多德
Aristotle
公元前 384—322

在 20 世纪初遗传学揭示遗传物质 DNA 从亲代传递给子代之前，人类对动物的繁殖并没有充分的认识。很久以前，古希腊哲学家亚里士多德提出了自然发生论，认为蠕虫和蚜虫等小动物是从腐烂的物质中自发产生的。有人认为亚里士多德也是一位生物学家，因为他对自己家附近海域中的海洋生物做了非常详细的记录。

你知道吗

海洋中的翻车鲀（*Mola mola*）是目前已知的产卵量最大的动物之一，每年可以产卵约 3 亿颗。其中只有极少数个体（可能只有几十条）能够成活至成年。

红毛猩猩拥有野生动物中较长的童年期，母亲会抚养每个幼崽长达八九年。

父母的养育

　　与"广种薄收"的繁殖策略相反，一些较高等的动物一次只会产下少数后代，并且投入大量时间和资源照顾它们。这在最大程度上保证幼体成活至成年并繁殖自己的后代，其中最典型的例子就是我们人类。采用这一繁殖策略的动物幼体出生时无法独立生存，需要父母的喂养和照看。在成长过程中，这些幼体逐渐学会各种生存技能。

这一窝蚜虫的若虫（若虫是不完全变态类昆虫的幼期）的遗传物质与母体相同，都是母体的克隆。在它们出生时，体内就已经在孕育雌性胚胎了。

孤雌生殖使蚜虫的繁殖速度很快，可以几天内爬满它们寄生的植物。

动物的特殊感官

一些动物具备人类所没有的感官，可以感知到人类无法接收的信息。比如一些蛇类可以通过感受到较近的动物的体温来追寻猎物，鲨鱼可以通过电位感应躲藏的猎物，蝙蝠则可以利用回声定位在夜空中导航。

热感受器

以蝮蛇为代表的一些蛇类具有被称为颊窝的热感受器，能探测到附近发热的物体发出的人眼不可见的红外辐射。虽然人类的皮肤也可以感受热辐射，能感受火焰的灼热，但蝮蛇的颊窝则灵敏得多，可以在黑暗中探测到猎物的体温。

蝮蛇的毒液起效需要一定时间，猎物被咬后常会逃跑。此时蝮蛇用热感受器追踪猎物，直到猎物毒发身亡后将其吞食。

和其他许多鱼类和水生两栖类一样，鲨鱼具有侧线。侧线位于鱼类身体的两侧，是感受水流压力等刺激的器官，可以感受到其他鱼类从附近经过时产生的水流。

回声定位

多数蝙蝠在夜晚捕食空中飞行的小飞虫，如果依赖视觉寻找猎物，蝙蝠就需要巨大的眼睛，这是它们小小的身体难以承受的。因此蝙蝠并不依靠视觉，而是利用回声定位导航寻找食物。蝙蝠会发射超声波，超声波遇到昆虫或障碍物时会产生特定的回声信号。蝙蝠用大耳朵收集这些回声信号，从而在暗夜中了解周围的环境。

当成群飞行时，蝙蝠还能改变超声波频率，避免互相干扰。

双髻鲨扁平的吻部有很多充满胶质的小孔，这是它的电感受器，可以探测到其他生物体产生的微弱电场。双髻鲨可以用宽而扁平的吻部像探雷器一样精准定位水底甚至是埋在沙子里的猎物。

人类有3种视椎细胞，能分辨红、绿、蓝三种基本颜色以及它们的组合色，而螳螂虾有12种视椎细胞，能分辨包括人眼不可见的紫外光。

鲨鱼的皮肤表面覆盖着像牙齿一样的刺状盾鳞，可以减少游动时水带来的阻力。

你知道吗

鲨鱼的大脑中，有超过60%的区域专门用于嗅觉信息的处理，因此鲨鱼的嗅觉非常灵敏，它可以嗅到几百米开外水域中的血腥味。

观察细胞

细胞理论是生物学的基础理论之一。细胞是组成生命体的基本单位，有些生物仅由一个细胞构成，但大多数生物由数十亿个细胞构成。每个细胞都是由已存在的细胞分裂产生的。要理解生命的奥秘，我们需要深入了解细胞。

在生物学的许多领域都需要使用显微镜观察细胞或微小的生物。除了常规的光学显微镜，还可以使用电子显微镜以获得更高的放大倍数。

显微镜

光学显微镜是研究细胞的重要观察工具之一，它利用光学原理，将人眼所不能分辨的微小物体放大成像，以获取微细结构的信息。它的工作原理是光源发出光线穿过标本后经物镜聚焦，形成放大、清晰的图像。之后由目镜将图像进一步放大到人眼可识别的大小。

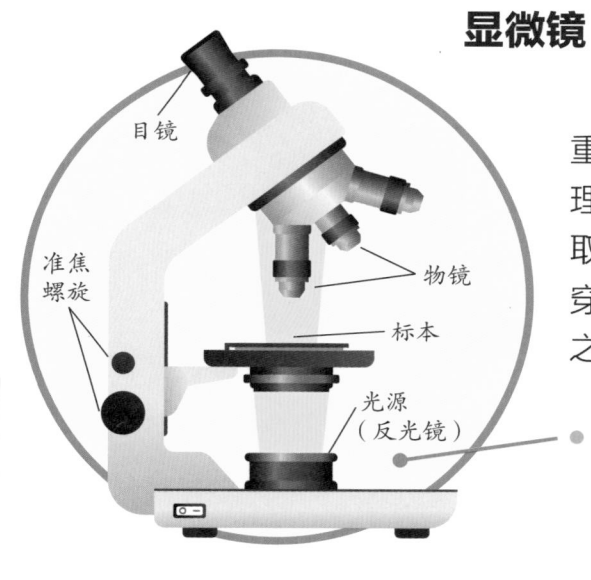

目镜

准焦螺旋

物镜

标本

光源（反光镜）

● 通常，光学显微镜备有 3 个不同放大倍数的物镜，以获得不同的观测效果，能让观察者更清晰地观察样本。

制备样品

用显微镜观察细胞的常规方法是制作玻片标本。先在载玻片中央滴一滴清水，然后将很薄的组织切片浸入水滴中，盖上薄而透明的盖玻片使组织切片位置固定并保持平整以利于对焦。为了能够识别生物组织或细胞不同的结构，通常会使用各种染液对标本进行染色。有时还会加入不同浓度的盐溶液等物质来观察细胞的某些生理活动。

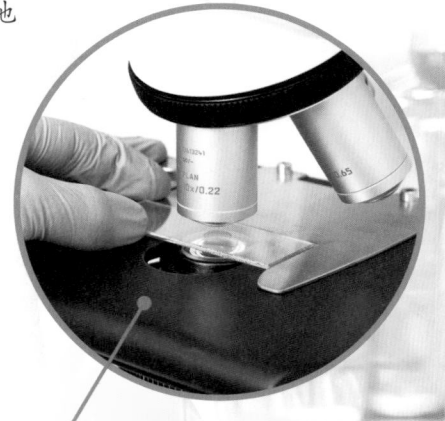

● 在用显微镜观察细胞时，组织切片要足够薄，以利于光线透过。我们在显微镜下的明亮视野中看到的图像是物体的虚像。

玛格丽特·皮特曼
Margaret Pittman
1901—1995

玛格丽特·皮特曼在童年时就开始利用帮助医生父亲看护病人的机会涉足科学研究。她在学生时代就表现出色，担任兼职教师以赚取学费。后来她就读于芝加哥大学，成为研究细菌和微生物领域的专家。她刻苦工作到 70 岁，研究的细菌包括导致霍乱和脑膜炎等致命疾病的病原体。

调节显微镜光源的亮度和位置可以获得更好的观察效果。

移液器用于向样品中添加染液和其他试剂。

植物细胞

植物细胞和动物细胞有明显的区别。与动物细胞相比，植物细胞最显著的特征在于其细胞膜外具有能为细胞提供机械支撑的细胞壁[1]。此外，植物绿色部位的细胞中常含有叶绿体，用于进行光合作用。

植物细胞的内部结构

所有的细胞都有相似的细胞结构。细胞的主要内含物是由细胞膜包裹着的凝胶状的细胞质。真核生物（除细菌和古菌外的生物）的细胞中有储存遗传物质 DNA 的细胞核。除了细胞壁和叶绿体外，植物细胞通常还具有巨大的液泡，用于储存水、糖类和无机盐等营养物质。

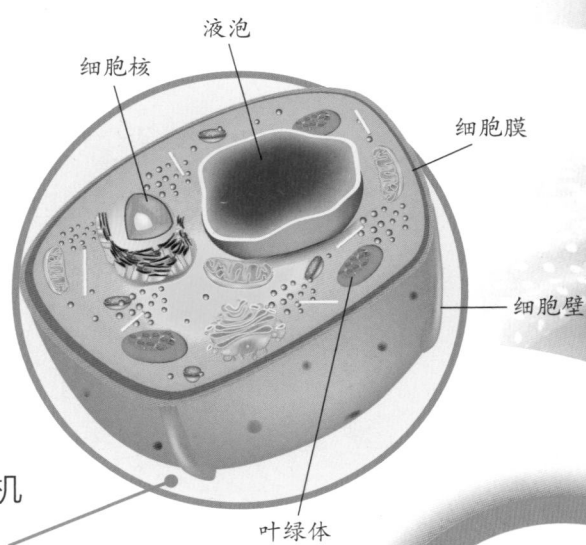

细胞核　　液泡　　细胞膜　　细胞壁　　叶绿体

● 植物体内相邻细胞的细胞壁紧密相连，从而赋予植物细胞一定的机械强度。

这块木砧板是由木材制成的，木材是由死的植物细胞组成的，其主要成分为纤维素和另一种坚硬的聚合物——木质素。

● 纤维素是干草的主要成分。多数动物无法消化纤维素，但牛、羊等反刍动物胃内有能够分解纤维素的细菌，因此它们可以以干草为食。

坚韧的细胞壁

植物细胞壁的主要成分是一种叫作纤维素的大分子多糖[2]。纤维素是由大量葡萄糖分子结合而成的长链状聚合物，这种特殊的结构使纤维素十分坚韧，能有效支持和保护细胞，使植物体直立。纤维素的化学性质相对稳定，当植物细胞其他部位都腐烂分解后，细胞壁仍可以保留下来。

1　真菌、细菌和部分原生生物也具有细胞壁。
2　植物细胞的细胞壁主要由纤维素、果胶和伸展蛋白组成，有时还含有木质素。

罗伯特·胡克
Robert Hooke
1635—1703

英国科学家罗伯特·胡克是最早使用显微镜的人之一。1665 年，他用显微镜观察软木塞（由欧洲栓皮栎的树皮制成）的切片，发现它是由许多微小的小室构成的，这些小室是死的木栓细胞的细胞壁。他用小隔间（cell）为这种结构命名，此后"cell"一词作为细胞的名称被沿用至今。

我们食用的洋葱属于鳞茎。鳞茎是某些植物在休眠期储存营养物质的器官。当生长期到来时，它们会发芽生长。

这是在显微镜下看到的洋葱表皮细胞，它们的细胞核被染液染成紫色。

你知道吗　植物细胞的形状接近矩形，其细胞直径通常为 10～100 μm。

动物细胞

动物细胞没有细胞壁，细胞的最外部是薄而柔软的细胞膜，因此动物细胞形态多样，形状不规则且易变形。和植物、真菌的细胞一样，动物细胞含有若干种被称为细胞器的内部结构。

高尔基体
细胞核
线粒体
细胞膜
内质网

● 细胞膜上有很多通道蛋白和载体蛋白，它们负责将物质运入或运出细胞。

动物细胞的内部结构

动物细胞内的若干种细胞器悬浮在凝胶状的细胞质基质中，各自行使着一定的功能。其中细胞核的功能是储存遗传物质并调控细胞的生命活动，线粒体的功能是通过呼吸作用为细胞提供能量，由膜性囊泡构成的内质网负责加工蛋白质、脂质等物质，高尔基体则对这些物质进行转运。

皮肤的外层叫作表皮。表皮细胞死亡并干燥后会形成增厚的胼胝。吹喇叭的乐手嘴唇上经常会有胼胝。

细胞分化

大多数动物是多细胞生物，由多个细胞组成，这些细胞形态、结构各异，以胜任不同的功能。海绵是较简单的动物之一，其身体仅由两层细胞构成，细胞的种类较单一，分别行使摄食、繁殖等功能；人体内则有数百种细胞构成。一般来说，同一生物体的不同种类的细胞都具有相同的遗传物质和全套的细胞器，但它们在分化的时候有的细胞可能会产生鞭毛和纤毛等特殊的结构以行使不同的功能。

海绵用多孔的筒状的身体从海水中滤食食物。

？ 你知道吗　未受精的鸟蛋的卵黄是一个细胞，因此目前已知的最大的细胞是未受精的鸵鸟蛋的卵黄。

意大利微生物学家卡米洛·高尔基进行了很多关于动物细胞的研究，特别是关于神经细胞的结构和功能。高尔基体这种真核细胞中普遍存在的细胞器就是以他的名字命名的。他在19世纪90年代就看到了这种细胞器的模糊的图像，但直到20世纪50年代高尔基体才被详细描述。

细胞核在光学显微镜下可以被清晰地呈现，但更微小的细胞器通常只有用放大倍数更高的电子显微镜才能看清楚。

柔软的口腔内壁覆盖着一层疏松的细胞。我们可以很容易地采集这些细胞，并用于显微镜下的观察。

细菌细胞

　　和动物、植物等较为复杂的生物相比，细菌的细胞更小，也更简单。细菌细胞与动植物细胞最大的区别在于它们没有细胞核，其遗传物质 DNA 聚集在被称为"核区"的细胞质区域中。细菌和同样没有细胞核的古菌被统称为原核生物。

细菌的类型

　　细菌的细胞主要有两种形状：圆球形的球菌和短杆状的杆菌。连接成长链状的球菌叫作链球菌，聚集成簇状的球菌叫作葡萄球菌，成对连接在一起的球菌叫作双球菌。此外，还有少数细菌具有特殊的形状，如豆形、逗号形、细长的丝状和螺旋形等。

> 人体平均由约 30 万亿个细胞构成，而在人体的皮肤和消化道等部位，还生活着几乎相同数量的细菌。

● 对细菌进行命名和描述通常基于显微镜下细菌的形态。另一种鉴别不同细菌类型的方法依赖于特定的染液与细菌细胞壁的特定成分的相互作用（如革兰氏染色）。

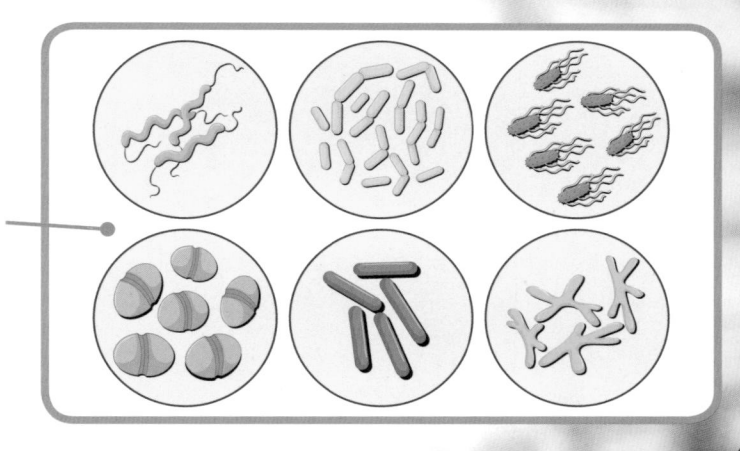

名人堂

爱丽丝·凯瑟琳·埃文斯
Alice Catherine Evans
1881—1975

　　爱丽丝·凯瑟琳·埃文斯是一位研究细菌的微生物学家，她致力于研究通过牛奶和奶酪传播的传染病，并让这些食品变得更加安全。在 20 世纪 40 年代，她发现食用未经巴氏灭菌的牛奶可能会导致严重的细菌感染，因此建议所有的牛奶都要进行巴氏灭菌。

 **你知道吗**　　一些细菌能分解石头，科学家们发现存在于地下几千米的某些细菌能利用一些岩石中的化学物质获取能量。

细菌细胞的内部结构

　　细菌所有的生命活动都是在细胞质这一复杂的混合体系中进行的。核糖体是细菌唯一的细胞器；细菌没有成形的细胞核，它的 DNA 在细胞内的特定区域聚集，称为拟核。细菌的细胞质被细胞膜包裹，有的细菌的细胞膜上有像尾巴一样的细长鞭毛或较短的菌毛。细胞膜外是坚韧的细胞壁，有些种类的细菌还被胶质的荚膜包裹。

DNA

细胞膜

菌毛

荚膜

细胞壁

鞭毛

细胞质

细菌的细胞壁的主要成分是一种叫作肽聚糖的多糖类物质。

酸奶是一种富含有益菌的食品。虽然一些细菌会导致疾病，但还有很多细菌能以不同方式促进人体消化，例如分解食物中一些胃液无法消化的营养物质。

细胞膜与物质转运

所有细胞的细胞质都被一层很薄的细胞膜包裹。细胞膜的主要成分是磷脂（一种脂质）。细胞膜可以阻止大分子物质出入细胞，但氧气和水等小分子往往可以自由通过。细胞内外的物质交换很大程度上依靠扩散，即物质从浓度较高的区域自发向浓度较低的区域移动，这是一种被动运输。但有时细胞也会通过主动运输将物质运入或运出细胞。

胞吞和胞吐

细胞可以通过胞吞和胞吐作用吸收和释放大量物质。首先，一些物质在内质网上加工后，被高尔基体包装到小小的膜质囊泡中。当囊泡与细胞膜融合时，囊泡中的物质就被释放到胞外。通过胞吐作用，细胞可以分泌酶和激素等物质到胞外。胞吞的过程与胞吐相反，首先胞外的物质被细胞膜表面的凹陷捕获，随后凹陷处的细胞膜融合成小泡，进入细胞质中。

水通过渗透作用进入植物体内。当植物缺水时，细胞就会变软，导致植物萎蔫。

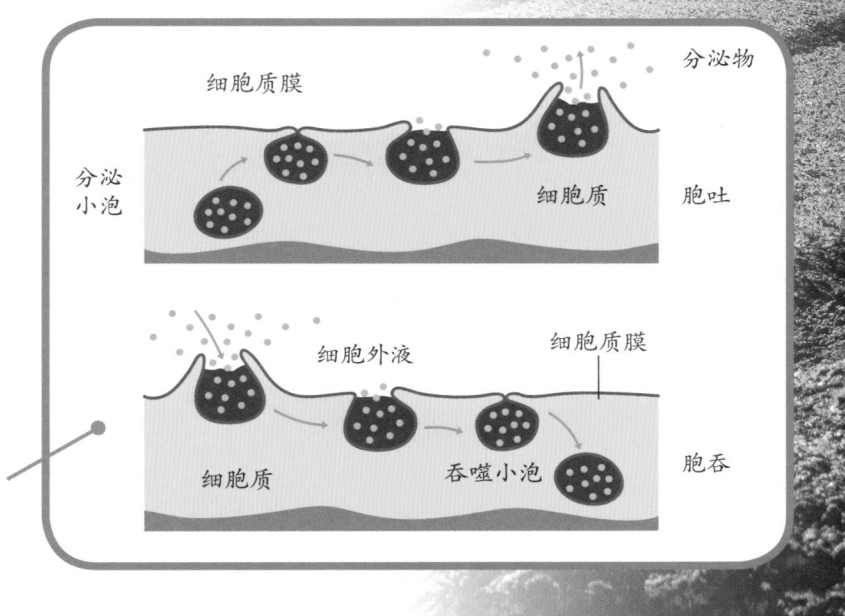

细胞质膜　分泌物

分泌小泡　细胞质　胞吐

细胞外液　细胞质膜

细胞质　吞噬小泡　胞吞

● 细胞可以通过胞吞作用从周围环境中摄取营养物质，甚至吞噬其他细胞。

你知道吗　在鼻腔、肺和咽喉上皮组织中的杯状细胞会分泌黏液，并在这些器官内壁形成黏液层。健康成年人每天会分泌 10 ～ 100 mL 呼吸道黏液。

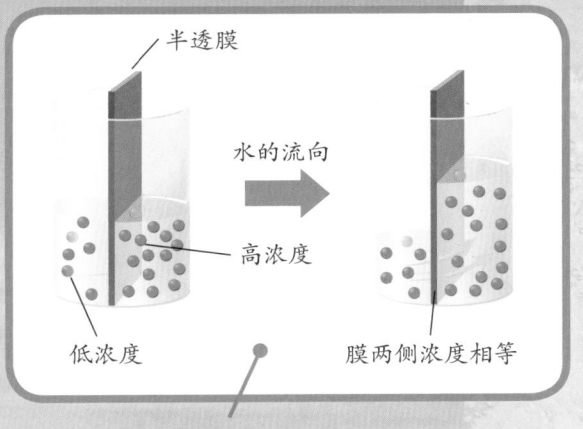

半透膜

水的流向

高浓度

低浓度

膜两侧浓度相等

● 水从低浓度一侧向高浓度一侧流动，使膜两侧的溶质浓度相等。

渗透作用

　　水可以通过渗透作用进出细胞。水可以自由通过细胞膜，但水中溶解的物质通常无法直接通过。当细胞质的浓度很高时，水会从细胞外进入细胞内，以降低细胞质的浓度。而当细胞外的浓度高于细胞内时，水则会从细胞内排出，细胞失水。

水在生物体的许多化学反应中充当溶剂。在所有细胞内，各种生化反应都是在水溶液的环境中进行的。

　　我们很难想象如果没有渗透作用，细胞和生命体将如何运作。渗透作用是由法国牧师让－安东尼·诺莱特于 1748 年发现的。他把纯酒精灌入一个密封的猪膀胱中，再把它浸入水中。几个小时后，猪膀胱充满水而膨胀起来，这是水发生渗透作用进入膀胱中将酒精稀释导致的。

构成细胞的物质

所有生物的细胞主要由三类物质构成：糖类、蛋白质和脂质。糖类是生命体所需要的主要能源物质。脂质既可以作为长期储存能量的物质（如脂肪），也是细胞膜的重要组分（如磷脂）。蛋白质既是构成生物体的结构物质，又是辛勤运转以维持生命活动的分子机器（如酶）。

树干等植物体最坚硬的部位主要由纤维素构成的。纤维素是一种复杂的多糖类碳水化合物，是植物细胞壁的主要成分。

油脂

油和脂肪统称为油脂，都属于脂质，大多数生物体都能合成脂质。在室温下，植物的油通常为液体，动物的脂肪则为蜡状固体，其能量密度较植物油更高。油脂的主要成分是甘油三酯，由一分子的甘油和三分子的高级脂肪酸脱水形成。在固态的脂肪中，油脂分子排列很紧密，而在液态的油中，油脂分子排列疏松，易于移动。

● 用热油烹饪的油炸食品口感好、风味独特，炸鱼柳或其他肉类富含蛋白质，炸薯条富含碳水化合物。

● 和木材中的纤维素和木质素一样，许多构成生物体的物质属于聚合物。聚合物是由许多小分子相连而成的链状大分子物质。

名人堂

玛丽·梅纳德·戴莉
Marie Maynard Daly
1921—2003

玛丽·梅纳德·戴莉是美国较早取得化学博士学位的非裔女性，她的研究领域是细胞生物化学。她发现了组蛋白——在细胞核中结合 DNA 构成染色质的蛋白质，以及在生物体中广泛存在的脂质胆固醇。她的研究显示，过量的胆固醇有害健康。

  你知道吗　　尽管脑的质量仅占人体体重的 2% 左右，但是它利用的能量超过人体每天消耗葡萄糖总量的 20%。

碳水化合物

　　多数糖类分子，无论分子大小，其中的碳原子、氢原子、氧原子的个数之比为 1 : 2 : 1（有少数例外），就像由碳原子和水分子组成的一样所以糖类又称为"碳水化合物"。单糖是指不能水解的小分子物质，如葡萄糖和果糖等，它们通常具有甜味且可溶于水，是呼吸作用的"燃料"。淀粉是一种多糖，结构比较复杂，是由许多葡萄糖分子聚合形成的链状大分子物质。

蜂蜜是黏稠的糖浆，主要成分是葡萄糖、果糖和水。蜂蜜是花朵中的花蜜经蜜蜂脱水加工形成的。

树干的横截面上有深浅相间的环纹。较宽的浅色环纹是树木在生长较快的夏季产生的木质部，较窄的深色环纹则是树木在生长缓慢的秋冬季长出的。

和淀粉一样，纤维素是由葡萄糖分子聚合形成的多糖。由于葡萄糖分子的排列方式不同，淀粉和纤维素的性质和功能有很大的区别。淀粉是柔软的颗粒，供植物储存能量；而纤维素则是坚韧的纤维，为植物提供机械支撑。

酶

生物的细胞内每时每刻都在发生生物化学反应，统称为细胞代谢，其中绝大多数反应都需要酶的参与才能完成。酶是一类生物催化剂，能加速化学反应，但自身的量不会发生变化。酶在人体的生化反应中发挥着重要作用，每时每刻人体的细胞内都有上千种酶在运转。

复杂的结构

绝大多数酶属于蛋白质，它们是非常复杂的生物大分子，具有独特的复杂结构。在代谢过程中，每种酶都各司其职，酶的功能是由其分子的形状和结构决定的。特定的分子结构使酶可以与反应物分子结合，从而促使反应发生，这一理论称为"锁钥模型"。

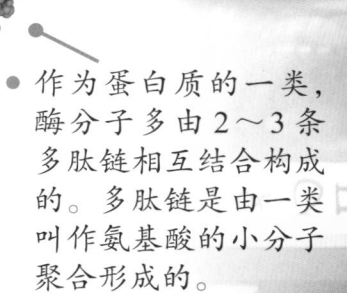

泡菜等发酵食品是由酵母或细菌等微生物产生的酶制成的。这些酶将食品中的糖类转化成乳酸和醋酸等。

● 作为蛋白质的一类，酶分子多由2～3条多肽链相互结合构成的。多肽链是由一类叫作氨基酸的小分子聚合形成的。

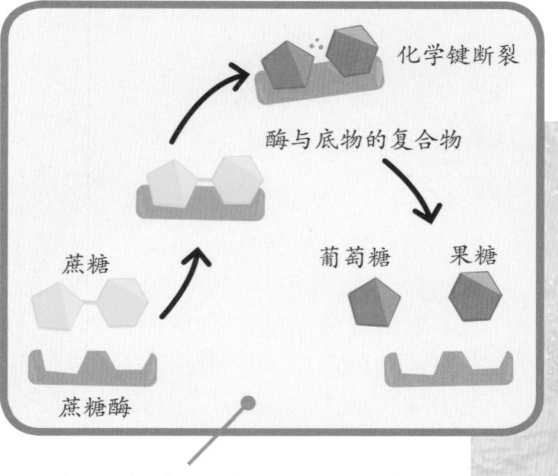

化学键断裂

酶与底物的复合物

蔗糖　　葡萄糖　果糖

蔗糖酶

● 蔗糖酶催化蔗糖分子水解成葡萄糖和果糖分子，酶在此过程中并没有被消耗。

锁钥模型

锁钥模型认为，酶分子中有一个活性部位，其形状与反应物分子（底物）的形状相契合，就像钥匙和锁一样。当底物与酶的活性部位相结合时，底物分子中化学键的强度会发生变化，原子重新组合形成新的分子（产物）。随后产物与酶分离，使酶可以催化新一轮反应。

酶和其他蛋白质分子一样，其基本组成单位是氨基酸。在蛋白质分子中，不同种类的氨基酸分子通过肽键连接成肽链。由于氨基酸分子间能形成氢键等，从而使得肽链盘曲、折叠，形成具有一定空间结构和生物活性的大分子蛋白质。人类很难通过氨基酸的排列顺序预测出蛋白质的分子结构，但在 2021 年，谷歌公司推出的人工智能软件 AlphaFold 在这一领域取得了巨大的突破。AlphaFold 不仅让我们能够更高效地预测生物体内蛋白质的结构，还能帮助我们设计全新的酶用于医药领域。

一些发酵食品有酸味，这是因为酶在发酵过程中产生了酸性物质。

这些发酵食品中大量的酸能抑制其他微生物的生长，因此不易腐败变质。

你知道吗　在我们身体的每个细胞中，每秒都在进行着超过百万个生物化学反应，这些反应几乎都依靠酶的催化。

细胞的运动

细胞并不是一直静止不动的，它们常会在液体中或物体表面移动，被称为细胞运动。一些细胞自身可以发生位移，另一些则通过搅动液体产生液流，推动其他物体移动。

鞭毛与纤毛

鞭毛和纤毛是常见的细胞表面的附属物，细胞运动的一种常见方式是通过鞭毛和纤毛的摆动产生推力，推动细胞前进。鞭毛和纤毛之所以能够摆动，是因为它们内部有一束纤维状的蛋白质（微管），当微管间相互作用时，鞭毛或纤毛就会弯曲。鞭毛较长，呈鞭状；而纤毛通常较短，一般成群摆动。

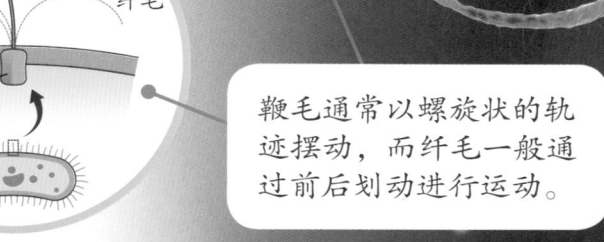

鞭毛通常以螺旋状的轨迹摆动，而纤毛一般通过前后划动进行运动。

● 细胞运动时，可能会形成多个不同方向的伪足，后面的原生质会选择向其中一个方向流动，从而实现细胞的定向运动。

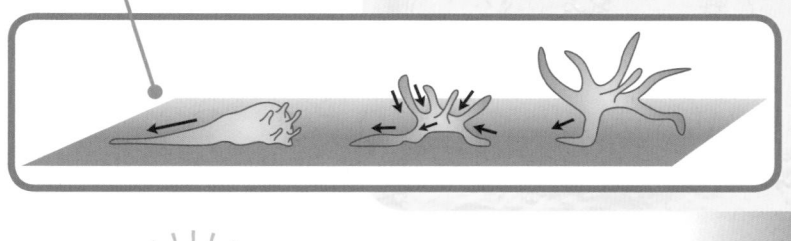

变形虫式运动

一些细胞没有鞭毛或纤毛，它们运动时会将细胞膜延伸，形成一个或多个足状的凸起，称为伪足。伪足向前伸展，后面的原生质也随着收缩前进，不断地补充向前流动的原生质，从而使细胞发生位移。变形虫就是这样运动的，也有其他细胞具备这种运动方式，例如血液中的白细胞会以这种方式追逐并吞噬病菌。

❓ 你知道吗　肺和气管壁的上皮细胞表面有纤毛，这些纤毛通过摆动推动气管壁的黏液层流动，从而清除进入气管的异物。

精子通过摆动鞭毛游动。大多数哺乳动物、少部分植物的精细胞都具有鞭毛。

许多微生物具有鞭毛，它们通过摆动鞭毛快速游动，从而逃离捕食者。

细胞的运动与被称为细胞骨架的丝状蛋白紧密相关。丝状蛋白对细胞内的物质运输、驱动鞭毛和纤毛摆动以及改变细胞膜的形状等有着至关重要的作用。

名人堂

内蒂·史蒂文斯
Nettie Stevens
1861—1912

内蒂·史蒂文斯是最早研究遗传学的科学家之一。1900 年她从斯坦福大学毕业，此时遗传学这门学科刚刚兴起。在研究黄粉虫的精子时，她发现不同精子携带的染色体是不同的：一些精子的染色体的大小基本相近，这样的精子与卵细胞受精后会发育成雌虫；另一些精子的染色体中存在一条较小的染色体，这样的精子与卵细胞受精后发育成雄虫。于是她首次发现了性染色体——这是包括人类在内的许多动物性别决定的机制。

细胞分裂

细胞可以生长增大，但很快会达到其体积的极限。因此对于多细胞生物来说，生长发育是通过增加细胞的数量实现的，这就需要细胞通过分裂的方式增殖——一个亲代细胞分裂成两个相同的子细胞。动植物细胞通常通过有丝分裂的方式增殖，而细菌通常通过简单的二分裂的方式繁殖。

细胞一次分裂结束到下一次分裂之前的时间段称为细胞间期。在此期间细胞会生长、增大并完成染色体复制，为下一次分裂做好物质准备。

快速增殖

单细胞生物通过细胞分裂快速增加个体数量。例如某些浮游生物比如悬浮在水中的某些单细胞藻类平均每24小时就能完成一次分裂，实现数量翻倍。这些肉眼不可见的微小生物很快就能把水染成绿色。藻类爆发式繁殖的现象被称为水华。水华发生时，大量微小的藻类遮蔽了水中的阳光并释放大量有毒物质，造成严重的环境问题。

● 水华常常是由农田中的化肥等营养物质冲入水体中诱发的，高浓度的营养物质使藻类生长和分裂的速度大大加快。

有丝分裂

有丝分裂使两个子细胞能够从亲代细胞处获得完全相同的两套遗传物质。有丝分裂分为若干阶段：首先，亲代细胞核内的染色体复制成两套，复制产生的两条染色单体由一个共同的着丝粒连接成"x"形。随后核膜解体，释放出的染色体排列在细胞中央的一个平面上。然后两套染色体被拉到细胞的两极。最后，细胞膜在细胞中部缢缩，将细胞一分为二。

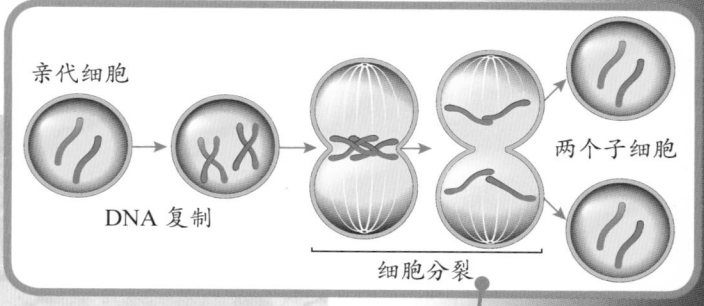

亲代细胞

DNA 复制

两个子细胞

细胞分裂

两套染色体被中心体发出的微管拉向细胞两极，而细胞质也会分成两份，分配给两个子细胞。

马蒂亚斯·雅各布·施莱登是细胞学说的创始人之一。起初他是一位律师，但他对这份工作并不感兴趣，因此改为从事研究细胞生物学。他的研究揭示了细胞核内的遗传物质是如何平均分配给两个子细胞的。此外，他还对生物进化领域很感兴趣，是最早接受达尔文进化论（提出于 1859 年）的生物学家之一。

当细胞分裂完成时，两个子细胞的染色体周围会产生核膜，形成新的细胞核。

细胞分裂的最后阶段是胞质分裂，此时细胞中部的细胞膜会收缩，将细胞一分为二。

你知道吗　在条件适宜的情况下，大肠杆菌大约 20 分钟分裂一次，那么仅需 7 个小时，一个大肠杆菌就可以分裂出两百万余个大肠杆菌后代。

内共生学说

内共生学说认为，包括人类在内的一切多细胞生物，都是由两种相互共生的原核生物，经历数百万年的进化而来的。原核生物包括细菌和古菌，它们的细胞中既没有成形的细胞核也没有除核糖体外的细胞器。而其他真核生物，从单细胞的原生生物到巨大的鲸鱼、大型的树木，它们的细胞内有成形的细胞核和若干种细胞器。

内共生事件被认为发生于充满各种简单的生命形式的"原始汤"中，这也是地球生命进化史中大多数时间里生命存在的方式。

动物细胞

科学家们推测，最早的真核细胞出现于约 20 亿年前，这些真核细胞可能依靠摄取外界的营养物质为生，类似于原生动物。内共生学说认为，真核生物可能是通过以下过程进化出来的：首先，一个古菌细胞变大，并进化出折叠的细胞膜以增大摄取营养物质的面积。随后部分折叠的细胞膜存在于细胞内部，进化成核膜、内质网和高尔基体等。最后，这个细胞吞噬了一种可以进行有氧呼吸的细菌，这种细菌并没有被细胞消化分解，而是寄生在细胞内，成为帮助细胞制造能量的工具，最终进化成细胞内的细胞器线粒体。

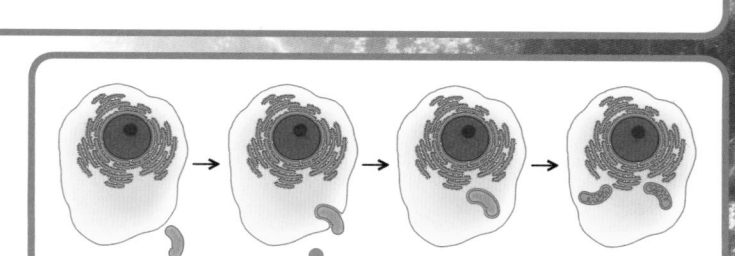

图中红色的区域表示的是线粒体。线粒体拥有自己的遗传物质（DNA），其基因序列与至今仍生活在海洋中的一种细菌很相似。和细菌一样，线粒体也会通过二分裂的方式增殖。

名人堂

林恩·马古利斯
Lynn Margulis
1938—2011

林恩·马古利斯是内共生学说的提出者。她在 20 岁时已经成为一位专业的遗传学家，并在 1966 年提出了内共生学说，但她花费很多年的努力才让其他科学家关注到这一理论。如今，内共生学说作为真核生物的起源已经被大家广泛接受。

主流观点认为地球上所有真核生物，也就是全部的原生生物、动物、植物和真菌，都起源于内共生事件产生的真核细胞。虽然内共生事件可能发生了多次，但产生的真核细胞成为唯一的"幸存者"并繁衍至今。

图中绿色的区域表示的是叶绿体。叶绿体的内部结构和自由生活的蓝细菌有许多相似之处。

植物细胞

　　科学家们推测，可以进行光合作用的植物细胞出现的时间稍晚。原核生物蓝细菌是目前已知的最早能进行光合作用的生物，科学家们推测蓝细菌可能被类似动物细胞的早期真核细胞吞噬，并寄生在宿主体内继续进行光合作用，最终进化成叶绿体，而宿主细胞最终进化成植物细胞。

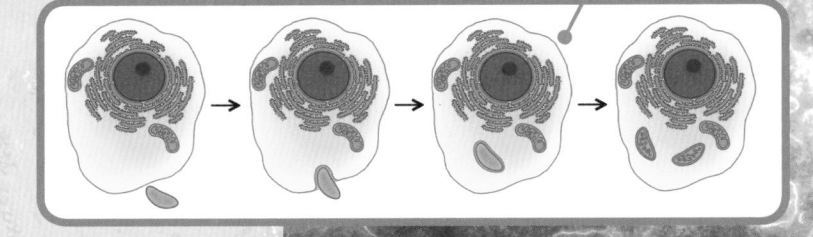

你知道吗　　目前已知的，最早的真核细胞化石发现于中国华北燕山地区，距今约16.3亿年。

病毒

虽然病毒具有生物活性，但它们本身没有生命。病毒不具备细胞结构，它们由蛋白质衣壳（有时还有脂质包膜）包裹的核酸（DNA 或 RNA）组成的复合物。病毒是寄生性的，它们需要借助活细胞的生命过程来完成自身的复制增殖。

冠状病毒表面布满刺突蛋白。在电镜下，这类病毒看上去酷似王冠，因此得名。

病毒性疾病

冠状病毒　　　轮状病毒

埃博拉病毒

乙型肝炎
病毒　　　　　流感病毒

疱疹病毒

形态各异的病毒寄生在宿主细胞中，可能会导致疾病。虽然大多数病毒对人体无害，但许多病毒是人类传染病的病原体。例如，流感是最常见的病毒性疾病之一，疱疹病毒会引起包括水痘在内的若干种疾病，埃博拉病毒非常罕见，它能够引起致命的出血热；轮状病毒会侵染胃肠；肝炎病毒会损害肝脏；新型冠状病毒感染则是由一种冠状病毒引起的。

病毒感染

病毒利用蛋白质衣壳或脂质包膜上的糖蛋白识别宿主细胞。当病毒与宿主细胞结合后，会向宿主细胞内注入核酸。病毒利用细胞的物质和能量进行自身遗传物质核酸的复制，并指导细胞合成衣壳蛋白等病毒的蛋白质。最终，病毒的核酸和蛋白质在细胞内被组装成新的病毒，大量增殖的新病毒释放到细胞外以感染其他细胞。

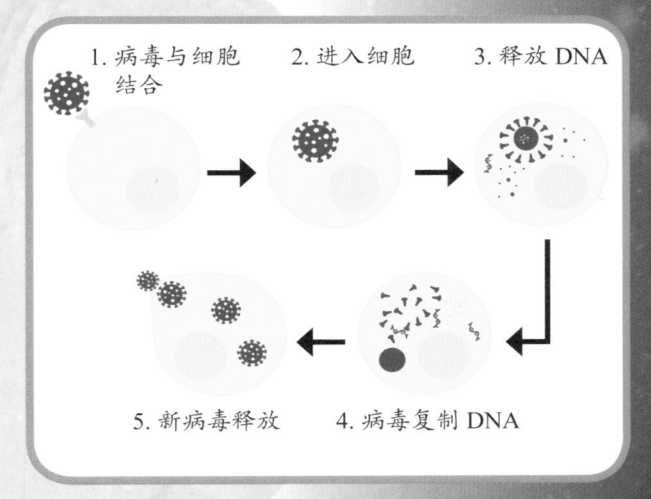

1. 病毒与细胞　　2. 进入细胞　　3. 释放 DNA
　 结合

5. 新病毒释放　　4. 病毒复制 DNA

你知道吗

引起普通感冒的病毒直径通常只有 80～120 nm，也就是说几万个这样的病毒排成一列才有普通针尖那么大。

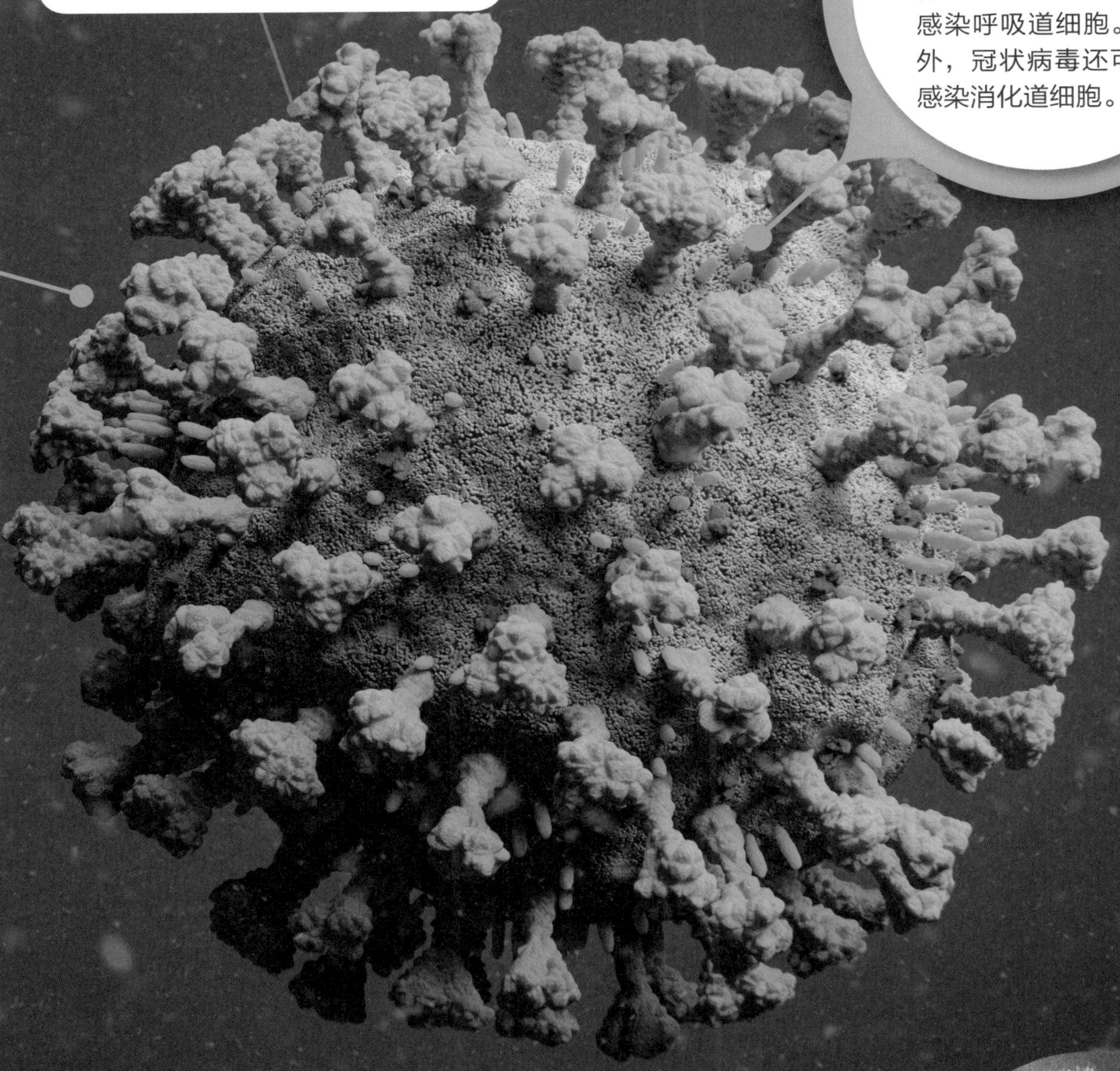

免疫系统通过辨认病毒表面的糖蛋白的种类来识别新的病毒。当同种病毒再次感染人体时，免疫系统会比首次感染时更迅速地清除它们。

冠状病毒表面的刺突蛋白可以像钥匙一样与宿主细胞表面的受体蛋白结合，从而感染呼吸道细胞。此外，冠状病毒还可能感染消化道细胞。

名人堂

马丁努斯·贝杰林克
Martinus Beijerinck
1851—1931

荷兰微生物学家马丁努斯·贝杰林克于 1898 年发现了病毒。它在研究病毒性植物病害时，发现病原体比细菌还要微小，他把这类病原体命名为病毒，并将其描述为介于细胞与分子之间且没有生命的物质。

DNA与染色体

DNA 是脱氧核糖核酸的简称，这种物质存在于细胞核内被称为染色质的结构中。DNA 是生物遗传信息的主要载体，编码了一个细胞发育成一个完整个体的全部"指令"。

染色质与染色体

DNA 很脆弱，真核生物的 DNA 位于细胞核内，被核膜包裹，从而远离细胞质中可能对 DNA 造成损伤的物质。真核生物中，长链状的 DNA 分子缠绕在组蛋白分子上形成核小体，螺旋状卷曲形成染色质。只有当 DNA 复制或转录时，染色质才会松开。在细胞分裂间期，染色质呈松散、细长的丝状，而在分裂期，染色质则会凝缩成棒状的染色体。

● 真核生物链状的 DNA 分子缠绕在起稳定和支持作用的组蛋白上构成核小体，成串的核小体多次卷曲螺旋，形成紧凑的超螺旋结构。

不同物种的染色体数目往往不同。人类的体细胞含有 46 条染色体，其中一半来自母亲，另一半来自父亲。

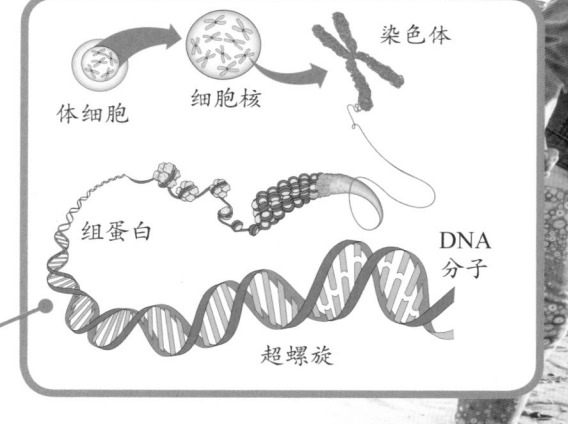

体细胞　细胞核　染色体

组蛋白　DNA 分子

超螺旋

名人堂

罗莎琳德·富兰克林
Rosalind Franklin
1920—1958

罗莎琳德·富兰克林是一位化学家，她利用 X 射线研究物质的结构。尽管 DNA 在 19 世纪 60 年代就已经被发现，但它的分子结构在其后的近 90 年内都悬而未决，直到富兰克林用 X 射线成像显示 DNA 的分子结构可能是类似"螺旋梯"的双螺旋形。这一突破性的发现使后续研究得以查明 DNA 是如何参与生命活动的。

？ 你知道吗　如果把人体内所有细胞的 DNA 都拉成直线并首尾相连，其长度可能是地球到太阳距离的几百倍。

DNA 的分子结构

脱氧核糖核酸是由脱氧核糖核苷酸构成的聚合物，其分子呈双螺旋形，类似"螺旋梯"。DNA 分子结构中，脱氧核糖分子和磷酸基团构成双螺旋的骨架，四种碱基按照特定的方式成对排列，构成"螺旋梯"的"台阶"。遗传信息是通过四种碱基在 DNA 链上的排列顺序编码在 DNA 分子中的。

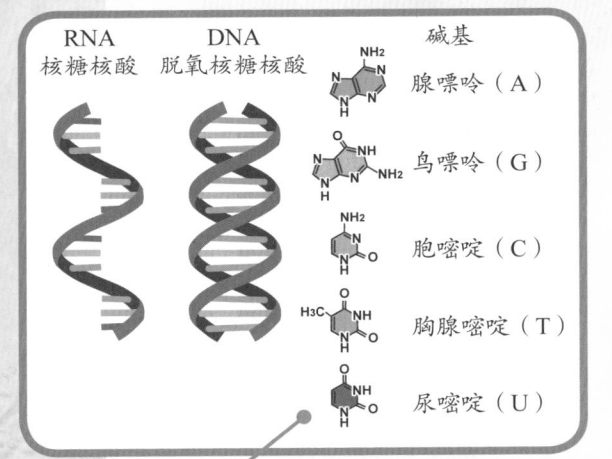

● 同样用于传递遗传信息的核糖核酸分子（简称 RNA）在某些方面与 DNA 类似，但 RNA 分子一般是单链，且在 RNA 分子中碱基 T 被碱基 U 替代。

对于有性生殖的生物体来说，子代的遗传物质来自双亲，因此孩子会兼具父母双方的遗传特征。

一个生物个体的全套染色体被称作核型。二倍体生物的体细胞中的染色体是成对的，分别来自双亲。人类的体细胞中含有 23 对染色体。

基因的表达

生物的遗传信息以基因的形式编码于 DNA 分子中，每个基因由 A、T、C 和 G 四种碱基以特定顺序排列形成。特定的基因序列是合成特定蛋白质（如肌肉蛋白、酶等）的模板。

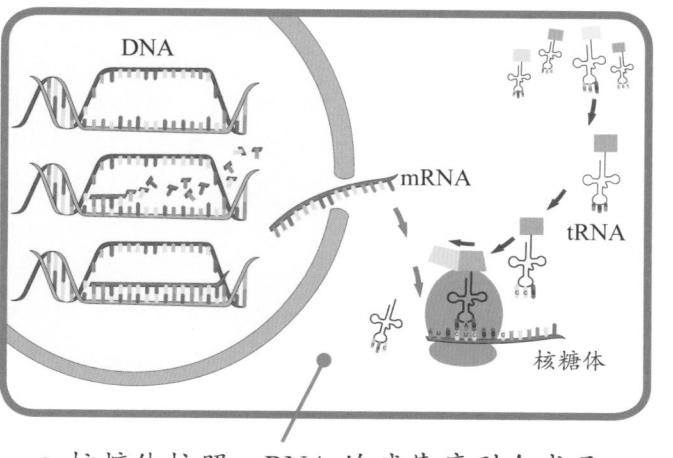

DNA
mRNA
tRNA
核糖体

● 核糖体按照 mRNA 的碱基序列合成具有特定顺序的肽链。

序列与结构

简单来说，遗传信息翻译的是一条按照特定顺序排列的肽链。人体中，组成蛋白质的氨基酸有 21 种，只有特定数量和种类的氨基酸按照正确的顺序排列，才能形成具有特定功能的蛋白质分子。DNA分子能够储存这些蛋白质分子的氨基酸序列信息，并将此信息准确地代代相传。

转录和翻译

在合成蛋白质时，编码在 DNA 上的基因序列会被转录到信使 RNA（mRNA）分子上，随后 mRNA 由核孔离开细胞核，与细胞质中的核糖体结合。核糖体是细胞合成蛋白质的工厂，mRNA 在这里被翻译成氨基酸序列（多肽链），这一过程在转运 RNA（tRNA）的参与下完成。每个 tRNA 有 3 个相连的特定碱基可以与mRNA 相应位置的三个碱基配对，并携带一个特定种类的氨基酸分子。通过这种方式，核糖体可以根据 mRNA 的碱基序列合成具有相应氨基酸序列的多肽链。

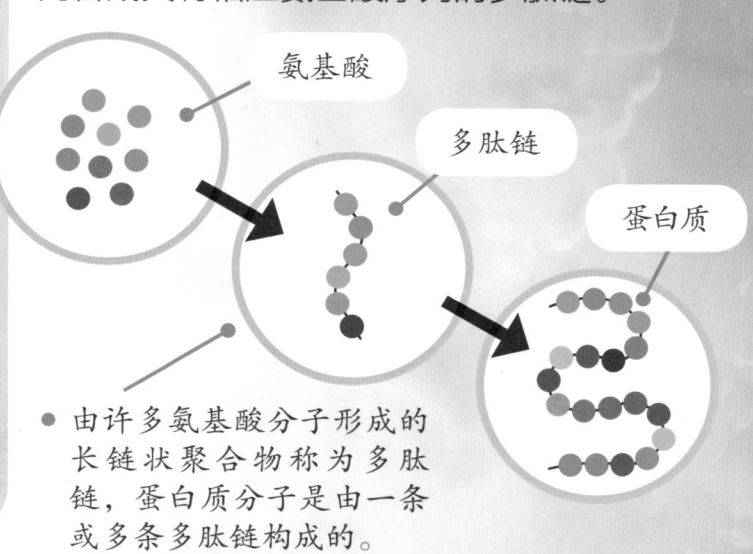

氨基酸
多肽链
蛋白质

● 由许多氨基酸分子形成的长链状聚合物称为多肽链，蛋白质分子是由一条或多条多肽链构成的。

你知道吗

人类的 DNA 由约 30 亿个碱基对编码。当细胞分裂时，细胞中所有的 DNA分子会经历一轮复制，这个过程在每个人的身体里每天发生约万亿次。

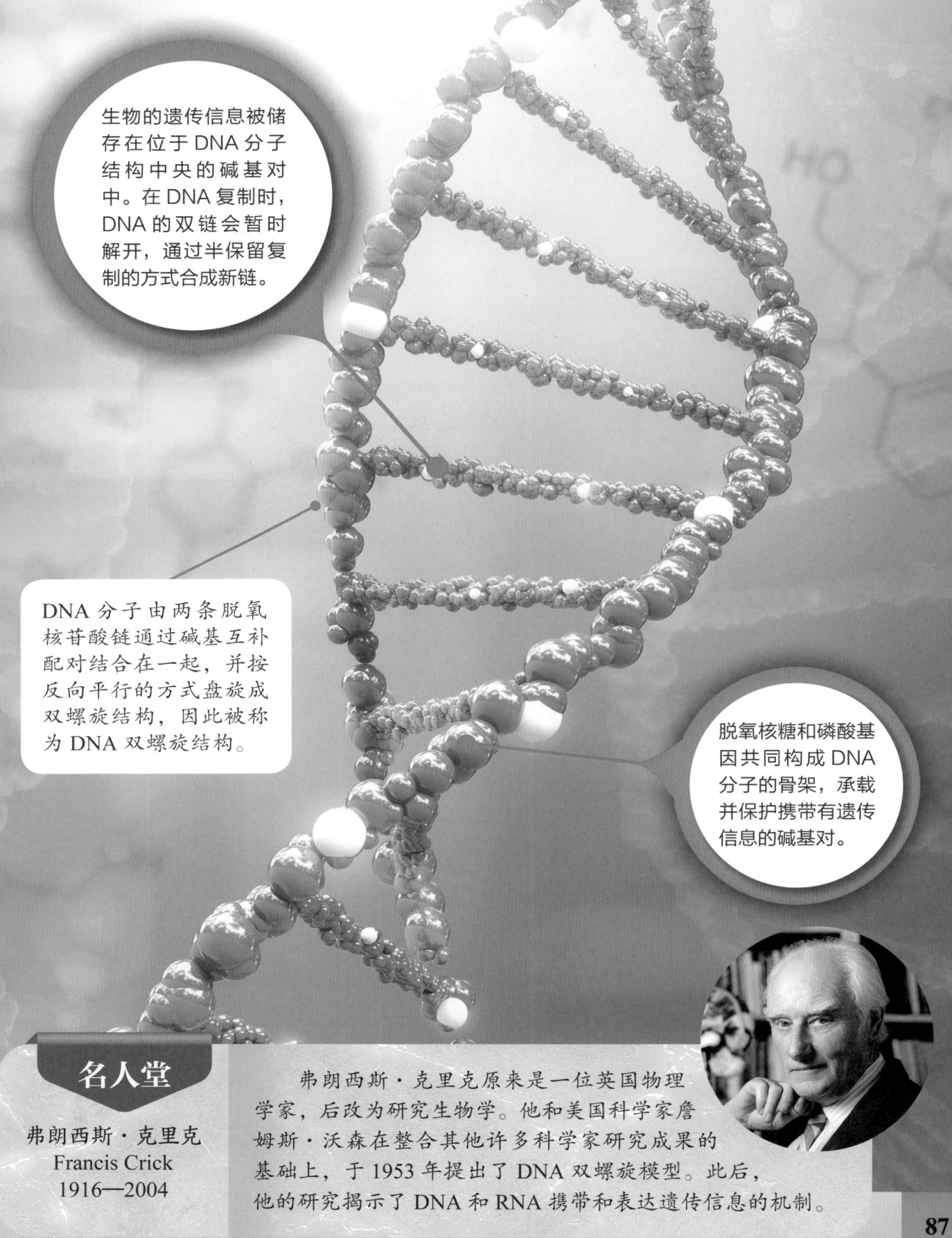

生物的遗传信息被储存在位于 DNA 分子结构中央的碱基对中。在 DNA 复制时，DNA 的双链会暂时解开，通过半保留复制的方式合成新链。

DNA 分子由两条脱氧核苷酸链通过碱基互补配对结合在一起，并按反向平行的方式盘旋成双螺旋结构，因此被称为 DNA 双螺旋结构。

脱氧核糖和磷酸基因共同构成 DNA 分子的骨架，承载并保护携带有遗传信息的碱基对。

名人堂

弗朗西斯·克里克
Francis Crick
1916—2004

弗朗西斯·克里克原来是一位英国物理学家，后改为研究生物学。他和美国科学家詹姆斯·沃森在整合其他许多科学家研究成果的基础上，于 1953 年提出了 DNA 双螺旋模型。此后，他的研究揭示了 DNA 和 RNA 携带和表达遗传信息的机制。

基因型与表型

我们可以从基因型和表型两个方面了解基因及其控制的性状。基因型指的是生物所具有的全部基因组的总称；表型则指生物体表现出的性状特征，如毛发的颜色等。找出基因型与表型的关联是遗传学研究的重要工作内容之一。

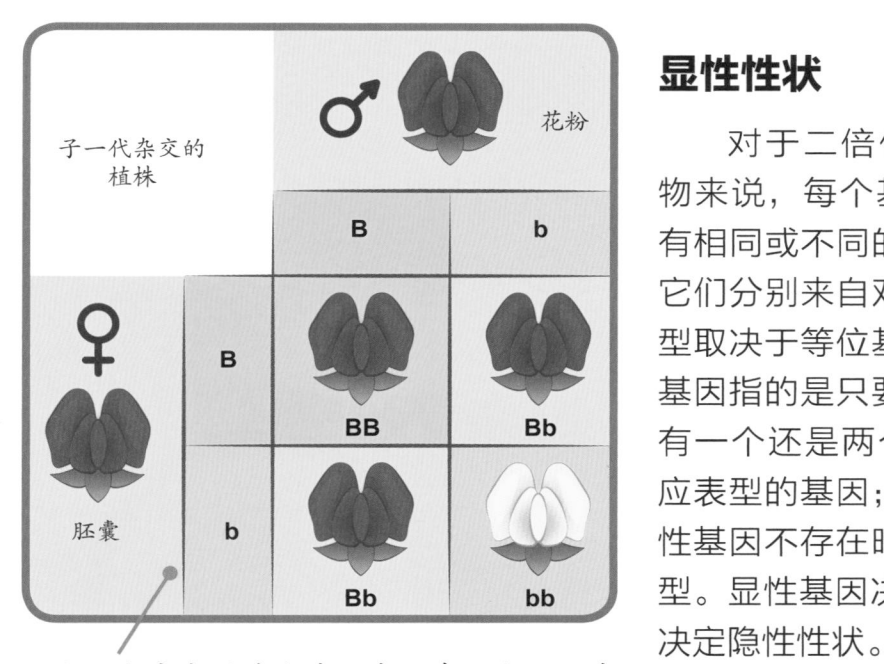

家庭成员间的相貌往往比较相似，这是因为他们从共同的祖先那里继承了很多相同的基因。孙辈有时可能会拥有一些和祖辈相同的性状，但在父辈时这些性状并不显现，这样的性状称为隐性性状。

显性性状

对于二倍体生物来说，每个基因都具有相同或不同的两个拷贝（等位基因），它们分别来自双亲。在很多情况下，表型取决于等位基因中的显性基因。显性基因指的是只要有这个基因存在（不管有一个还是两个拷贝），就能表现出相应表型的基因；而隐性基因则只能在显性基因不存在时，才能表现出相应的表型。显性基因决定显性性状，隐性基因决定隐性性状。

● 当两个亲本的某个基因中既有一个显性基因（B）又有一个隐性基因（b）时，它们的后代中（假设后代数量足够多）有四分之三的数量具有显性性状，有四分之一的数量具有隐性性状。

● 猫咪的毛色和花纹是由多个基因控制，相互作用决定的。

不完全显性

对于一些基因来说，当两个不同的等位基因在一个个体上同时存在时，它们控制的表型并不会彼此"覆盖"，而是会产生一种介于两者表型之间的新表型。这种现象被称为不完全显性。

名人堂

格雷戈尔·孟德尔
Gregor Mendel
1822—1884

格雷戈尔·孟德尔是一位说德语的奥地利修道士，生活在如今的捷克境内。他花费数年时间研究豌豆的不同性状（也就是表型）是如何一代代遗传的。孟德尔不知道 DNA（在他生活的年代 DNA 还没有被发现），但他发现了显性、不完全显性并提出了遗传定律，因此成为遗传学的奠基人。

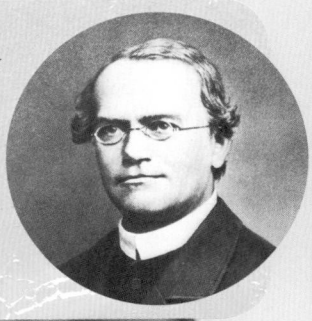

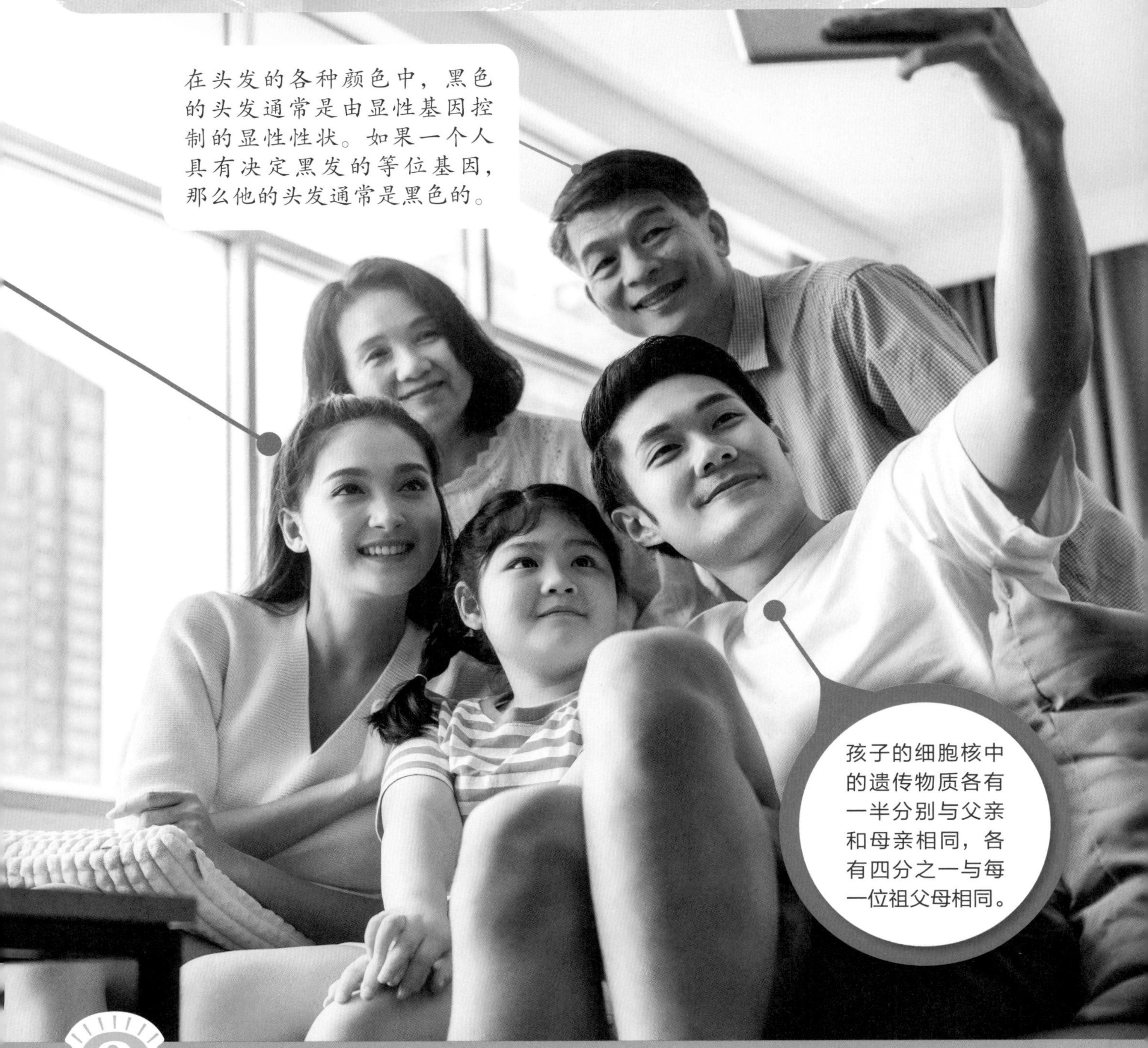

在头发的各种颜色中，黑色的头发通常是由显性基因控制的显性性状。如果一个人具有决定黑发的等位基因，那么他的头发通常是黑色的。

孩子的细胞核中的遗传物质各有一半分别与父亲和母亲相同，各有四分之一与每一位祖父母相同。

你知道吗 据目前研究，人类的基因组（全部的遗传物质）中约含有 2 万个基因，其中约 98% 的为非编码序列。

减数分裂

通过减数分裂产生的子细胞会发育成生殖细胞，即精细胞和卵细胞。对于雄性个体来说，4个子细胞都能发育成精细胞或花粉粒。而对于雌性个体来说，只有1个子细胞能发育成卵细胞或胚囊。

细胞的有性生殖的过程需要经历一种特殊的细胞分裂方式：减数分裂。通过减数分裂，可以产生染色体数只有体细胞一半的生殖细胞，当两个生殖细胞融合时，染色体数恢复，发育成新个体。有性生殖可以使后代具有较高的遗传多样性。

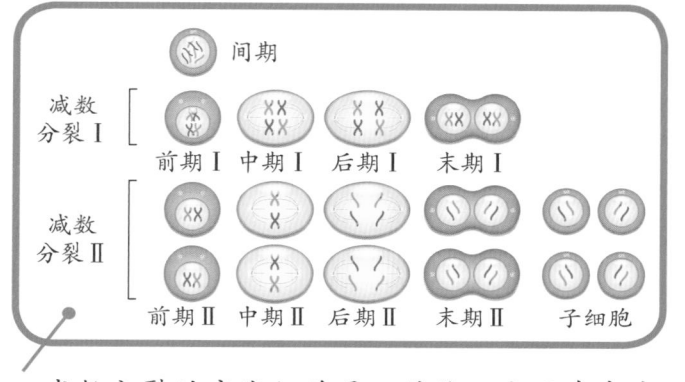

- 减数分裂的亲代细胞是二倍体，它具有来自双亲的两组染色体。减数分裂产生的生殖细胞是单倍体，每个细胞只具有一组染色体。

染色体重组

有丝分裂产生的子细胞都具有相同的遗传物质，而减数分裂产生的4个子细胞往往具有不同的遗传物质。这是因为除了两条同源染色体被随机分配外，同源染色体间也会发生重组。同源染色体间重组通常发生在减数第一次分裂，此时，两条同源染色体会紧密连接，部分染色体片段会发生交换。

减数分裂的过程

细胞进行减数分裂时，DNA只复制一次，而细胞连续分裂两次。在减数第一次分裂时，细胞中的同源染色体（一般大小、形状相同的一对染色体，在二倍体细胞中的每对同源染色体的一条来自父亲，一条来自母亲）配对，随后向细胞两极移动。随后细胞一分为二，产生2个染色体数减半的子细胞。减数第二次分裂与普通的有丝分裂相同，最终产生4个子细胞。

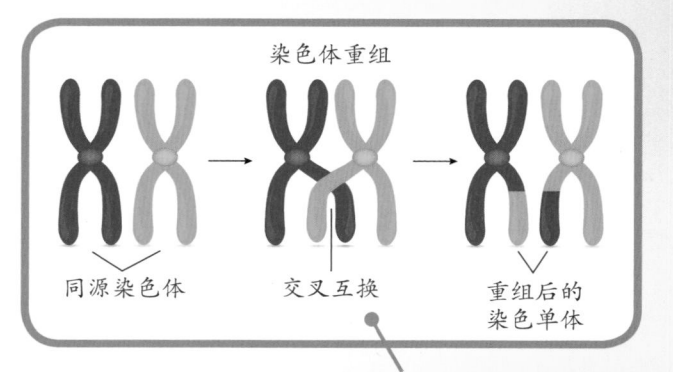

- 染色体通常呈"x"形，两条染色单体在近细胞中央的位置通过着丝点连接。在染色体重组时，每个重组位点往往只有一条染色单体会发生交换。

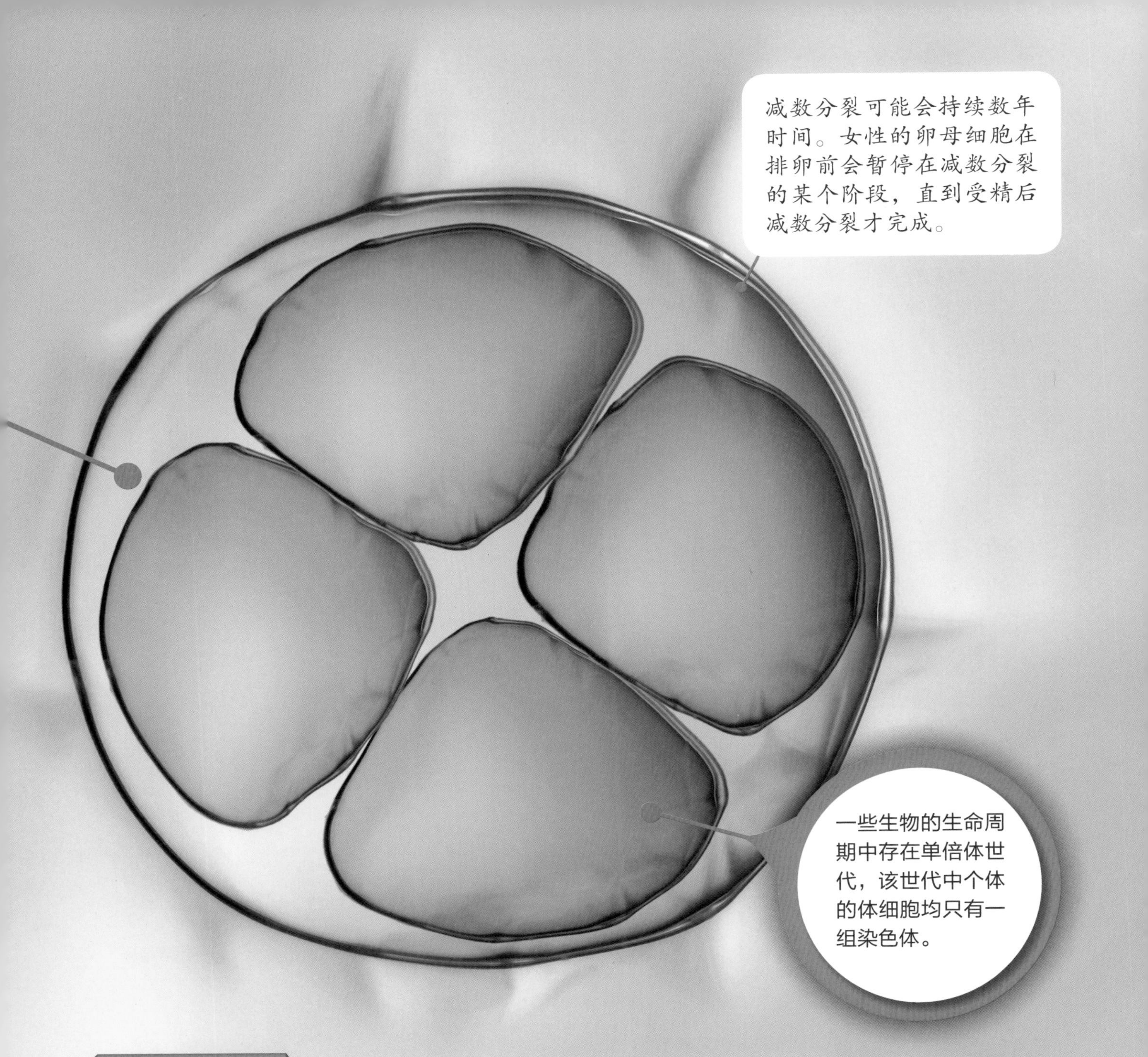
减数分裂可能会持续数年时间。女性的卵母细胞在排卵前会暂停在减数分裂的某个阶段，直到受精后减数分裂才完成。
一些生物的生命周期中存在单倍体世代，该世代中个体的体细胞均只有一组染色体。

名人堂

芭芭拉·麦克林托克
Barbara McClintock
1902—1992

美国植物学家芭芭拉·麦克林托克在研究玉米的染色体时，观察到在细胞在进行减数分裂时一些染色体片段会产生交叉互换，从而发现了染色体重组这一遗传学的重要理论。此后，她还在研究基因如何表达为性状这一方面取得了突破性进展。

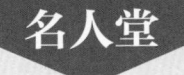

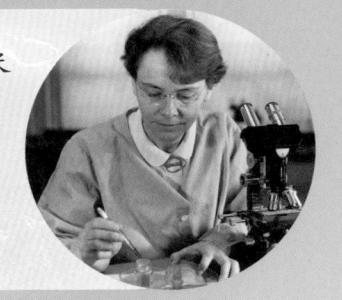

你知道吗

蜜蜂的卵细胞不经过受精，能直接发育成单倍体的个体雄蜂，这一过程不同于减数分裂也不同于有丝分裂，称为假减数分裂。

生殖细胞与受精

多数多细胞生物通过有性生殖的方式繁殖后代。有性生殖的过程包括两种类型生殖细胞（配子）的融合，这一过程称为受精。雌配子（卵细胞）与雄配子（精细胞）融合后形成合子（受精卵），也就是新个体的第一个细胞，是生命的开始。

配子

精细胞和卵细胞都只有体细胞一半的染色体数，因此它们融合形成的合子具有与体细胞相同的染色体数。精细胞的结构高度适应游动，具有长长的鞭毛。精细胞的 DNA 存在于头部的细胞核中，细胞质很少。卵细胞比精细胞大得多，通常无法自行运动，除了缺少一半的染色体外，卵细胞含有发育成胚胎所需的全部物质。

人类精子的直径很小，只有约几微米，肉眼不可见；而卵子的直径可达 0.1 mm，肉眼勉强可见。

· 卵细胞

· 精细胞

名人堂

奥斯卡·赫特维希
Oscar Hertwig
1849—1922

1876 年，德国动物学家奥斯卡·赫特维希在显微镜下观察到海胆的精细胞和卵细胞发生融合，从而发现了受精现象。他也发现了减数分裂的过程。此外，他注意到细胞核内的物质会通过细胞分裂代代相传，并坚信这是生物性状遗传的方式。他的这一理论是正确的，但直到约 100 年后其中的过程才被研究清楚。

 你知道吗

一名女性一生中会排出四五百枚卵子，而一名健康成年男性一天能产生上亿颗精子。

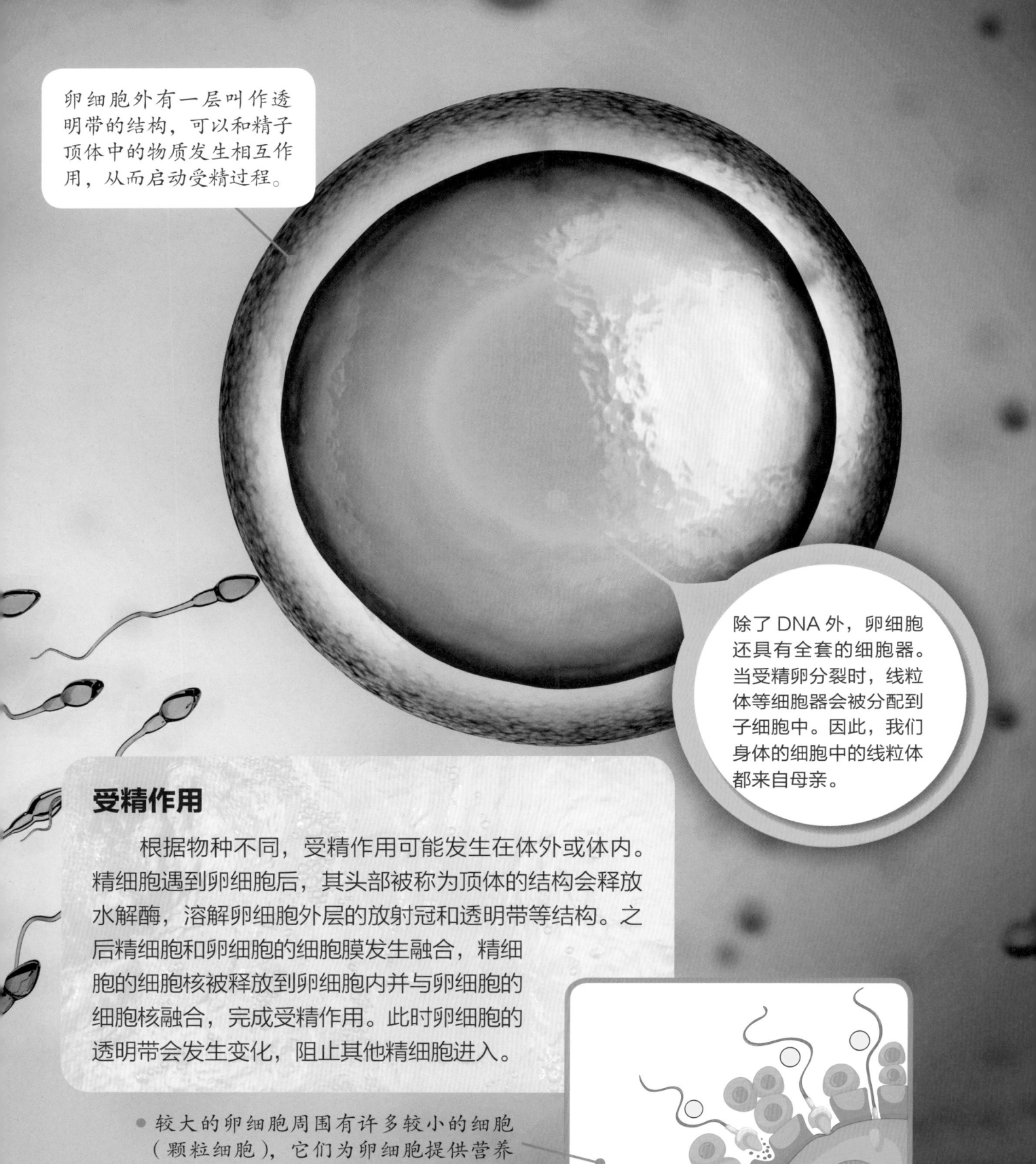

卵细胞外有一层叫作透明带的结构，可以和精子顶体中的物质发生相互作用，从而启动受精过程。

除了 DNA 外，卵细胞还具有全套的细胞器。当受精卵分裂时，线粒体等细胞器会被分配到子细胞中。因此，我们身体的细胞中的线粒体都来自母亲。

受精作用

　　根据物种不同，受精作用可能发生在体外或体内。精细胞遇到卵细胞后，其头部被称为顶体的结构会释放水解酶，溶解卵细胞外层的放射冠和透明带等结构。之后精细胞和卵细胞的细胞膜发生融合，精细胞的细胞核被释放到卵细胞内并与卵细胞的细胞核融合，完成受精作用。此时卵细胞的透明带会发生变化，阻止其他精细胞进入。

● 较大的卵细胞周围有许多较小的细胞（颗粒细胞），它们为卵细胞提供营养物质并协助受精。

基因工程

如今，科学家可以通过"编辑"生物的遗传信息来改变生物的性状，这种技术称为基因工程。这类工作常在细菌和酵母等较为简单的生物中进行，但对植物和动物等更加复杂的生物进行基因工程操作的技术目前也很成熟。医药产业是基因工程最重要的应用领域之一。

制药业的突破

基因工程可以以很低的成本大量生产一些药物和其他一些有用的化合物，以用于治疗糖尿病的胰岛素为例。胰岛素的分子结构非常复杂，很难用化学方法在工厂中直接合成。因此，研究人员将合成胰岛素的基因导入细菌的遗传物质中，这样只需要在发酵罐中培养这些细菌，就可以得到大量的胰岛素。

这只小鼠被转入来自水母的绿色荧光蛋白基因，因此它的皮肤能产生这种蛋白质，从而在暗处发出绿色的荧光。

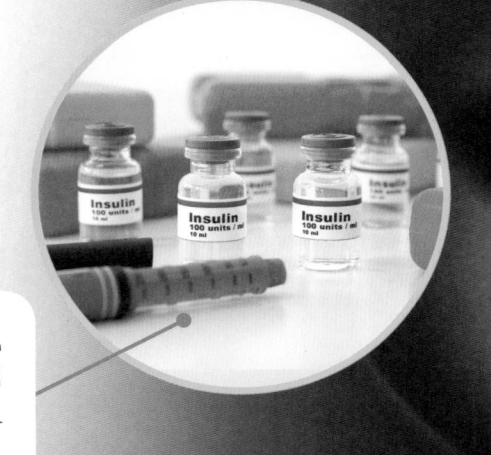

一些糖尿病患者自身无法合成足量的胰岛素用于糖代谢的调控，因此他们需要补充通过基因工程生产的外源胰岛素。

一些转基因农作物对除草剂具有抗性。在农田中喷洒除草剂后，杂草会枯死，但这些农作物不会受到损害。

转基因生物

转基因生物（GMOs）指的是通过基因工程培育的动植物品种。转基因生物具有很高的应用价值，比如可以提高食物生产的效率，一些转基因农作物可以在常规品种难以生长的恶劣环境中生长良好。然而，也有一些科学家担心转基因生物的外源基因可能迁移到野生物种中，从而产生难以消灭的新型害虫和杂草。

 你知道吗

科学家将编码蛛丝蛋白的基因导入山羊的基因组中，经过这样基因改造的山羊产生的乳汁中含有蛛丝蛋白，从而可以获取大量蛛丝蛋白用于生产研究。

通过基因工程导入基因组中的外源基因可以和生物本身具有的基因一样代代相传，因此培养转基因生物时需要严格管理，以防携带外源基因的生物逃逸到野外。

绿色荧光蛋白可以用于在人体内标记肿瘤等病变组织，从而在发病初期及时确诊。

名人堂

詹妮弗·杜德纳
Jennifer Doudna
1964—

对 DNA 序列进行编辑的技术有很多，目前应用最广泛的是 CRISPR 系统。该技术是由詹妮弗·杜德纳和她的合作者埃玛纽埃勒·沙尔庞捷开发的，她们也因此在 2020 年获得了诺贝尔奖[1]。CRISPR 系统原本是细菌用于清除外源病毒 DNA 的工具，如今发展成一种技术被广泛应用于对遗传物质的特定序列进行定点敲除、插入或突变。

---

1 华裔科学家张锋教授也是 CRISPR 基因编辑技术的奠基人之一。

进化论

现今生活在地球上的生物不是一直存在的，它们是由已经灭绝的更早期的生命形式进化而来的。进化是在自然选择驱动下生物发生变化的过程。

这只蛙没能从捕食者的口中逃脱，因此它的基因和性状无法遗传给后代。

化石

化石是经过矿化作用保存至今的古生物遗骸或遗迹，可以让我们知道很久以前的各地质年代曾生存过什么样的生物。此外化石还能让我们了解地球上的环境发生过什么样的变化，而这些环境变化是生物进化的重要驱动力之一。最早的生命诞生于约 35 亿年前，地球上所有现生和灭绝的生物都是由早期生命进化而来的。

● 鱼龙是一类已灭绝的爬行动物，和恐龙有一定的亲缘关系。它们最早出现于约 2.5 亿年前的海洋中，由更早的陆生爬行动物进化而来。

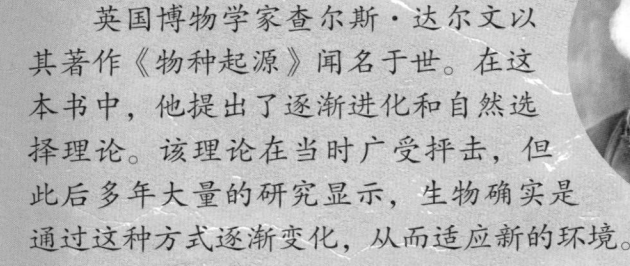

名人堂

查尔斯·达尔文
Charles Darwin
1809—1882

英国博物学家查尔斯·达尔文以其著作《物种起源》闻名于世。在这本书中，他提出了逐渐进化和自然选择理论。该理论在当时广受抨击，但此后多年大量的研究显示，生物确实是通过这种方式逐渐变化，从而适应新的环境。

自然选择

生物普遍存在变异现象，而生物间为了争夺食物和生存空间而普遍存在竞争关系，这是自然选择的基础。如果携带某些变异的个体较其他个体能更好地适应生活环境，它们就能赢得生存竞争，留下更多后代。而无法很好地适应环境的个体则很可能会在繁殖前死亡，这就是"适者生存"。通过这种方式，有利于生存的变异基因逐渐在种群中扩散，使种群的基因频率发生改变，这就是进化的实质。生物进化的历史就是由许多次这样小小的进化事件所演绎的。亿万年的进化创造了如今地球上异彩纷呈的生命形态。

基于自然选择的进化论是达尔文在乘坐英国皇家海军舰艇"比格尔"号周游全球时思考出来的。在航行中，达尔文见识了许多奇异的动植物，这些经历为进化论的形成奠定了基础。

这只鹭捕获到了食物，说明它至少现在是一个成功的捕食者。它的捕食能力越强，能够获得越多的食物用于生存和繁殖，就越有可能把"擅长捕猎"的基因传递给后代。

这只水栖的蛙脚趾间有蹼以利于游泳，而陆栖的蛙脚上则没有蹼。

你知道吗　查尔斯·达尔文许多关于生物进化的灵感很可能是来源于他的祖父伊拉兹马斯·达尔文，他也发表过一些关于进化的理论。

新物种的产生

同一物种的生物具有相似的形态特征和生活方式，更重要的是它们可以相互交配并繁殖出可育的后代。所有现存的物种都是由更古老的、已经灭绝的物种进化形成的。亲缘关系较近的物种是在较短的时间内由共同祖先进化而来的。

非洲稀树草原有广阔的空间和丰富的资源，足以供养多种大型动物，它们以自己特定的生活方式各得其所。

适应辐射

一个祖先物种可以在较短的时间内进化出许多新的物种，这是由于自然选择允许生物用不同的方式适应环境的变化，这种现象叫作适应辐射，其结果是许多亲缘关系很近的物种进化出不同的性状，从而以不同的方式生存。一个典型的例子是加拉帕戈斯群岛的达尔文雀，这些鸟类由一个共同祖先进化而来，但为了适应于取食岛上不同的食物，发展出了鸟喙形状不同的新物种。

粗短的鸟喙适于碾碎种子，而细长的鸟喙适于抓取昆虫。

名人堂

乔治·居维叶
Georges Cuvier
1769—1832

古生物学家是指研究化石的科学家，他们的工作内容之一是寻找现生生物类群的共同祖先。乔治·居维叶是早期化石研究的领军人物之一。1790 年，他发现化石中的生物不仅有现生生物类群的古代种类，还有许多已经灭绝的类群。他的发现改变了科学家们对地球上的生物进化的认识。

  **你知道吗** 古生物学家根据化石资料推断，在地球上生存过的物种中，有超过 99% 的物种已经灭绝。

新物种的形成

　　新物种可以通过不同方式从原有物种中分化出来。异域物种形成是最普遍的一种方式。当同一种生物被山脉、河流等地理屏障分隔开时，自然选择会让不同地区的同一种群的生物朝着不同的方向进化。经过一段时间后，即使这些群体解除地理隔离，它们仍属于不同的种群了。在同域物种分化的情况中，原有物种种群中的一些个体可能会因为适应某种新的食物等资源，而与原有物种发生分化。

斑马和马、驴有共同的祖先，这三种动物都属于马科。

在这两个例子中，一个植物物种分化成了两个植物物种。有时，自然选择也会完全改变一个物种，使其进化成新的物种。

非洲的这片地区生存着数十种不同的羚羊，每一种都适应于取食特定的食物，生活在特定的栖息地中。

奇妙的进化

自然选择使物种发生变化，从而更好地适应周围的环境，在这个过程有时会产生一些有趣的现象。比如生活在同一环境下的不同物种会发生协同进化，即不同的物种在某种程度上共同进化；亲缘关系甚远的不同物种为了适应相同的生活环境也会发生趋同进化而进化出相似的特征。

保护色与拟态

保护色使生物与其生活的环境融为一体。一些生物进化出与周围环境相似的体色和斑纹，从而避免被捕食者发现。拟态则是一种生物模拟其他生物的现象。例如一些动物伪装成更加凶猛的物种以吓退捕食者；一些不同种类的有毒物种会进化出相似的外观，以获得相似的生态优势，这种现象称为"警戒色拟态"。

这只黑脉金斑蝶鲜艳的橙色在警告捕食者它是有毒的，而几种其他的蝴蝶也具有相同的配色，用于威慑天敌。

● 这只壁虎身上的保护色使捕食者无法从树皮中辨认出它，但当它离开树皮时，身上的保护色就无法发挥作用。

趋同进化

许多案例表明自然选择会让许多毫不相关的生物类群多次进化出相似的特征以适应相同的生活环境。最典型的例子是许多海生脊椎动物不约而同地演化出类似鱼类的体形。鲨鱼和海豚亲缘关系甚远：鲨鱼是约 4 亿年前出现的软骨鱼类，而海豚则是约 5 000 万年前开始由陆生生活方式向水生生活方式转变，但两者拥有相似的鱼形身体。

海豚和鲨鱼的身体外形非常相似，但海豚的尾鳍是水平伸展的，鲨鱼的尾鳍则是垂直的。

你知道吗　生长在印度尼西亚的巨魔芋是一种稀有而奇特的植物，它们拥有非常大的花序。这些花序散发出腐肉般的恶臭，以吸引苍蝇之类的食腐性的昆虫为它们传粉。

百日草的花进化出吸引蝴蝶等昆虫的特征，扁平的头状花序有利于昆虫停在上面吸食花蜜和收集花粉。

许多开花植物依靠昆虫在花朵间传粉以繁衍后代，因此这些植物与昆虫之间产生协同进化。

名人堂

玛丽·安宁
Mary Anning
1799—1847

　　玛丽·安宁成长于英格兰南部海岸靠近悬崖的地方，那里具有丰富的古生物化石。她自幼就热衷于收集各种化石，并有许多重要的发现，其中最著名的是她于 1811 年发现了第一具鱼龙的骨骼化石。鱼龙是一类已灭绝的海生爬行动物，由于趋同进化，它们的体形很像海豚和鲨鱼。安宁发现的各种化石激发了人们对古生物研究的兴趣。

性选择

自然选择只允许最适应生存环境的生物生存下来，但这无法解释为什么有些鸟类进化出鲜艳的羽毛和巨大的尾羽——这显然是生存的"累赘"。事实上，这些性状的进化受到性选择的影响。

生活在新几内亚岛的雄性天堂鸟会花费大量时间在密林中穿梭，以显示自己的存在。

性别二态性

一些物种的雌性和雄性个体在外貌上存在明显的区别。其中一种性别的个体（通常是雄性）会通过一些夸张的特征向异性展示自己具有强大的生存能力。如绚丽的尾羽或巨大的鹿角之类的特征往往对动物的生存几乎没有实质性的帮助，甚至可能会成为生存的沉重负担。因此，拥有这些特征的动物向异性传递的信息是，既然可以背负这些负担生存，说明生存能力一定很强。

● 这只雄性鸳鸯正在向雌性展示艳丽的羽毛。雌性会根据这一特征选择在繁殖期与某只雄性交配。

● 雌性柄眼蝇会选择和眼柄更长的雄性交配，这样产生的雄性后代也会具有较长的眼柄。一些特征就是这样通过性选择在种群中扩散的。

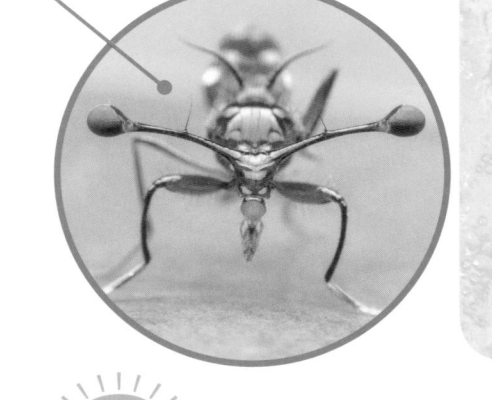

奇特的眼柄

这只雄性柄眼蝇突起的大眼睛着生在细长的眼柄上。当雄性争夺配偶时，它们会站成一排互相比较眼柄的长度，其中眼柄最长的个体能获得交配权。这种竞争方式可以避免争斗造成损伤。没有获得交配权的个体会寻找新的配偶，或许它能够在下一轮竞争中获胜。

？ 你知道吗 雄鹿用巨大的鹿角展示自己的生存能力。化石资料显示，已灭绝的爱尔兰驼鹿的两角的最大宽度可达三四米，相当于一辆小客车的长度。

雄性天堂鸟螺旋状的尾羽非常引人注目，但也是它们飞行的负担。因此只有生存能力很强的个体才能拖着大大的尾羽存活下来。

雄鸟会通过求偶仪式来吸引雌鸟，而雌鸟则会选择在求偶仪式中表现最佳的雄鸟进行交配。

名人堂

理查德·道金斯
Richard Dawkins
1941 至今

英国动物学家理查德·道金斯通过其著作《自私的基因》向公众介绍了新达尔文主义这一理论。这一理论提出于 20 世纪 60 年代，其核心思想为进化是由 DNA 复制自身的需求所推动的。该理论认为自然选择在遗传层面上确实是成立的，而生物本身只不过是 DNA 用于复制自身的工具。

生态系统

没有生物能脱离环境独自生存，因为它们需要生存空间、能量、营养等资源。在地球上有生物生存的地方，就存在生态系统。生态系统是生物群落与它所在的非生物环境相互作用形成的一个整体。亿万年的进化使生物能够适应地球上的很多极端环境。

珊瑚礁分布在温暖的浅海中，是非常丰富多彩的生态系统。除了组成珊瑚礁的各种珊瑚，珊瑚礁中还栖息着无数鱼类和甲壳类等动物。由于具有极高的生物多样性，珊瑚礁被誉为"海洋中的热带雨林"。

生态因素

研究生态系统的学科叫作生态学。生态学家们发现每个生态系统中都存在特定因素的集合。对该生态系统中生存的生物来说，有些因素是有利的，有一些则是不利的。这些因素包括生物因素和非生物因素。对生态系统中的一种生物来说，生物因素来自生态系统中的其他物种，例如生物 A 对生物 B 来说可能是食物，而对生物 C 来说可能是天敌或竞争对手。生态系统中的非生物因素包括气候、土壤条件等。

● 许多生态系统存在季节性的变化。在一年中的不同季节，日照时长和降水量等非生物因素的变化深深影响着生态系统中的生物。

名人堂

爱德华·苏斯
Eduard Suess
1831—1914

地球上适合生物生存的空间称为生物圈，生物圈里有各种各样的生态系统。"生物圈"一词是由奥地利地质学家爱德华·苏斯于 1875 年提出的。从地下深处的岩层到高空中，凡是地球上生物生存的地方，都属于生物圈的范畴。生物圈概念的提出让苏斯成为第一位生态学家。20 世纪 20 年代，一些致力于了解野生生物群落的科学家开始重新重视苏斯的理论。

小小的珊瑚虫与水母是近亲，它们可以分泌坚硬的石灰质骨骼，即使珊瑚虫的软体部分死亡，这些骨骼仍能留存下来，新的珊瑚虫在原有的骨骼上继续生长并产生新的骨骼，使珊瑚礁逐渐发育壮大。绚丽的珊瑚礁是无数海洋生物栖身的家园。

冬眠

在冬季寒冷而漫长的地区，许多动物临近冬季会变得不活跃，它们多数时间躲在相对温暖的巢穴中休眠，以减少身体能量的消耗。由于冬季食物往往匮乏，冬眠的动物通常依靠在秋季通过大量进食而储存的脂肪来维持生命。在冬眠期，动物的各种生命活动常会变慢，呼吸频率和心跳频率也会降低。

造礁珊瑚生活在阳光充足的浅海中，这是因为珊瑚虫体内生活着一种虫黄藻的单细胞藻类。虫黄藻通过光合作用制造的有机物为珊瑚虫提供营养。

在冬季，刺猬会蜷缩成球状，藏在安静而舒适的巢穴里冬眠。

据不完全估计，珊瑚礁虽然所占的海洋面积小，但却为近 25% 的海洋生物物种提供了栖息环境。

食物网

所有生物都需要能量和营养物质。植物通过光合作用获取能量，并利用这些能量制造有机物为大多数生物提供营养物质，动物则通过摄食植物和其他动物获取能量和营养物质。食物网是生态系统中的各生物间基于捕食和被捕食的关系建立的复杂联系。

生产者与消费者

食物网的构成始于能利用环境中的能量（如光能）制造营养物质的生产者。在几乎所有生态系统中，扮演生产者的角色通常是植物或浮游植物。植食性动物以植物为食，属于初级消费者。捕食植食性动物的肉食性动物属于次级消费者。食物网中也存在既吃植物又捕食其他动物的杂食性动物。

狼　鹰　蛇　鸣禽　蜻蜓　鼠　果蝇　蛙　蝴蝶　蝗虫　草　花朵　果实

● 食物网的顶端被猛禽和猛兽等顶级捕食者所占据。

这些须鲸是滤食性动物，它们用口部边缘毛刷一样的鲸须将微小的浮游生物从海水中滤出。

布氏鲸张开大嘴，能将巨量含有无数小鱼和其他浮游生物的海水吞入口中滤食。这些须鲸类在食物网中属于次级消费者。

？ 你知道吗　食物网同时也是维持生命生存的能量在生态系统中流动的轨迹，几乎所有生物利用的能量最初都来源于太阳的光能。

浮游植物是悬浮于水中，并通过光合作用制造有机物的微小生物，它们是海洋生态系统的生产者。

分解者

除了阳光和水以外，植物还需要土壤中的无机营养物质用于生长发育。生态系统中的分解者将动植物的遗骸和排泄物分解成植物能利用的无机物回归土壤中。真菌、细菌和苍蝇等腐生生物常充当分解者的角色。

当这些真菌落在潮湿的木材上时，会慢慢地将木材进行分解从而形成腐木。

名人堂

蕾切尔·卡森
Rachel Carson
1907—1964

美国作家和博物学家蕾切尔·卡森向公众阐述了环境污染和栖息地破坏所造成的环境问题。在出版于 1962 年的著作《寂静的春天》中，她提到全球农场中广泛使用的化学农药对大量野生动物的有害影响，使生态系统濒临崩溃，一旦生态系统崩溃，春天的鸟语花香将永远沉寂。由于她的警醒，美国政府部门和科研人员开始重视环境保护，并采取了很多相关措施。

碳循环

地球上所有的生命形式，主要是由有机物组成的，生物体内的有机物主要有糖类、脂质、蛋白质、核酸和维生素等，这些有机物分子的核心都是由碳原子构成的生物大分子的复杂骨架。所有的生物都在不停地摄入和排出碳元素，从而使碳元素在生物体和环境中持续流动，这就是生态系统中的碳循环。

自然界的碳循环

植物等生产者通过光合作用将空气或水中的二氧化碳转化成糖类等有机物，从而碳元素流入食物网中，这是几乎所有生物体中碳元素的来源。在生命活动的过程中，一部分碳元素通过呼吸作用转化成二氧化碳回归环境中。生物遗体中的部分碳元素有时会被埋藏在地层中，有些会形成煤炭或石油等化石燃料。

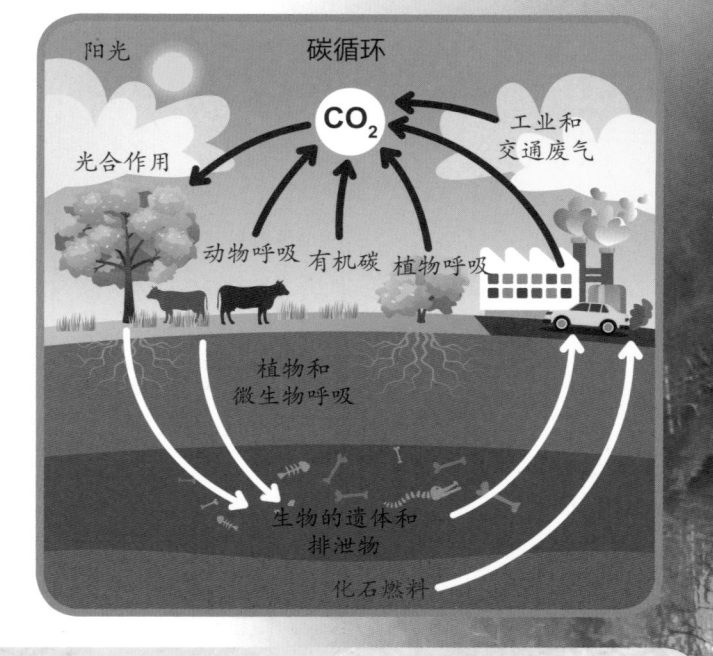

● 全球变暖使冰盖和冰川消融，导致适应寒冷生境的生物失去栖息地。

人类对碳循环的影响

在自然界的碳循环过程中，生物摄入和释放的碳元素的量通常是平衡的。然而近年来人类大量燃烧煤炭、石油和天然气等化石燃料，使大量二氧化碳排放到大气中，影响了自然界的碳循环。空气中过量的二氧化碳会对大气起到保温的作用，形成温室效应，从而改变全球的气候。

你知道吗

有数据显示，现在地球空气中的二氧化碳的含量比工业化前高了约50%，而且这个数值还在继续上升。

气候变化导致某些地区变得更炎热和干燥，更容易引发毁灭性的森林火灾。

被烧毁的森林可能需要数十年才能恢复。如果该地区的气候变得过于干燥导致树木难以生长，森林就很可能会被草原甚至荒漠取代。

森林中的木材是生物圈中碳元素的重要"仓库"。森林火灾燃烧木材，将其中的碳元素以二氧化碳的形式释放到大气中，从而加剧温室效应。

名人堂

尤妮斯·牛顿·富特
Eunice Newton Foote
1819—1888

　　碳循环失衡导致的全球气候变化最早是由美国业余科学家尤妮斯·牛顿·富特发现的。她在 19 世纪 40 年代测试了不同气体从阳光中吸收相同热量后温度的变化，发现二氧化碳的温度上升得最多。因此，她推测空气中的二氧化碳的含量的变化可能会引起气候变化。但当时她的这一研究成果并没有引起人们关注，直到 20 世纪 70 年代，她的发现才得到重视。

其他物质循环

除了碳元素以外，生物的生存还需要其他多种不同的元素，例如合成DNA和磷脂需要磷元素，氮元素则是合成蛋白质不可或缺的组分。植物从土壤中吸收这些元素，通过动物的摄食将这些元素传递到整个食物链。

氮循环

虽然空气中氮气的体积分数约占 78%，但是氮气的化学性质十分稳定，很难被多数生物直接利用。一些细菌能将空气中的氮气转化成生物易于利用的铵根离子（NH_4^+），雷电也能将空气中的氮气转化成硝酸根离子（NO_3^-）并随着雨水降落到地面。动物的排泄物中也含有生物易于利用的氮元素。另一些细菌则会将含氮化合物中的氮元素转化成氮气，让氮元素回归空气中。

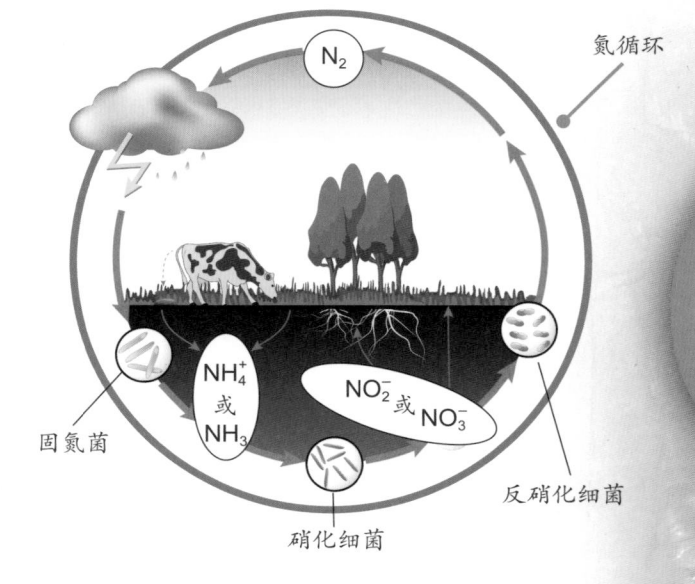

氮循环

固氮菌

NH_4^+ 或 NH_3

NO_2^- 或 NO_3^-

硝化细菌

反硝化细菌

陆地的海拔通常高于海洋。因此在重力的作用下，陆地上的水向低处流淌，汇聚成溪流和江河，最终注入海洋。

名人堂

詹姆斯·洛夫洛克
James Lovelock
1919—2022

詹姆斯·洛夫洛克从事科学和工程的研究长达近 80 年，他最引人注目的研究成果是盖亚假说。这一理论认为地球本身的运转就像生物体一样，是一个可以自发调节的系统。洛夫洛克阐述了地球环境是如何维持稳定的，尽管这些过程需要数百万年。

岩石中的营养物质被雨水溶解，流向河流下游。部分营养物质会进入土壤中，被植物等生物吸收利用。

流水的侵蚀作用改变着地形地貌。经过漫长的时间，水流将沿岸的岩石冲刷成沙砾，塑造出河谷的样貌。

水循环

所有生物的生存都离不开水。地球上绝大多数的液态水都在海洋中，或者被封存于地下深处。海洋中的水会蒸发到空气中，随着大气运动进入陆地后以雨雪的形式降落到地表，汇聚成江河湖泊，最终流回海洋，这就是水循环的过程。水循环是由太阳辐射的热量驱动的，液态水受热后蒸发成水蒸气，水蒸气冷却后凝集成液态水，最终形成降雨。

尽管地球上水的总量是不变的，但这些水一直处于动态循环中。

你知道吗 人体中碳、氢、氧、氮这四种元素的质量约占人体总质量的96%，但至少还有12种元素也是人体不可或缺的。

干旱地区的生物群系

一个地区存在的生物群系和当地的气候息息相关，因此生物圈被划分为不同的生物区。干旱地区的生物区特点是全年降水稀少，包括荒漠、草原和极地冰原。

稀缺的降雨

年降水量不超过 200 mm 的地区被称为荒漠。半荒漠和草原的年降水量高于荒漠，但无法满足森林对水的需求。低降水量有时是由"雨影效应"引起的：来自海洋的湿润空气被高山拦截形成降雨，导致只有干燥的空气能够到达山脉的另一侧。远离海洋的内陆地区也会由于湿润空气难以到达而变得干燥。赤道周边地区存在大片炎热干燥的沙漠。

● 帝企鹅是目前仅有的在南极洲的冬季进行繁殖的动物。雄性帝企鹅负责照顾卵和雏鸟，而雌性帝企鹅则负责在海洋中觅食。

骆驼是最著名的荒漠动物，它们高耸的驼峰储存了大量脂肪，可以满足骆驼好几天对水分和营养的需求（脂肪经呼吸作用氧化产生水）。

北美野牛生活的北美大草原是由落基山脉的雨影效应形成的。

寒冷的"荒漠"

世界上最干旱的地区不是撒哈拉沙漠这样的炎热的荒漠，而是常年冰封的南极洲，因为那里的淡水通常被冻结成冰，缺乏易于生物利用的液态淡水。因此南极洲的绝大多数动物都生活在海洋中，从食物中获取淡水。它们通常只会暂时地在陆地上休息。

纽妲娜·希瓦
Vandana Shiva
1952 至今

印度环保主义者纽妲娜·希瓦支持全世界的农民回归传统的农业生产方式，特别是在干旱贫瘠的地区。她认为这样的生产方式有助于提高作物产量和维持土壤肥力。当然，并不是所有人都支持她的观点。一些人认为，使用化学肥料和种植转基因作物品种才是满足全世界人口对粮食需求的更有效的办法。

荒漠地区的植物非常稀少，除了因为降水稀缺外，还由于砂质的土壤缺乏养分且难以保持雨水，不利于植物生长。

骆驼能很好地适应非洲和亚洲干旱的沙漠环境，它们的蹄子非常宽大，不容易陷入松软的沙土中。

你知道吗

据《联合国防治荒漠化公约》估算，2022～2023 年，占全球总人口的四分之一约 18.4 亿人受荒漠化或干旱的环境的影响。

113

湿润地区的生物群系

陆地上降水充沛的地区会成为森林或湿地，因为高大的树木需要充足的水分才能生长。在森林中，树木的树冠形成紧密重叠的树冠层，而在林地中，树冠之间则有空隙。如果土壤的排水性不好，那么地面就会积水，形成湿地沼泽。

热带雨林生长在赤道附近的热带地区，这些地方终年炎热潮湿，植物全年都可以生长。

北方针叶林

地球上最辽阔的森林是位于北极附近的北方针叶林。在一年中的多数时间，这些森林都被积雪覆盖。北方针叶林中的树木以常绿针叶树为主，它们只能在短暂的夏季生长。

● 生活在北方针叶林中的驼鹿是现存最大的鹿科动物之一，其他巨型动物则通常生活在海洋或稀树草原中。

名人堂

旺加里·马塔伊
Wangari Maathai
1940—2011

旺加里·马塔伊成长于肯尼亚山区，她成立了绿带组织，专门帮助非洲的农村居民通过在废弃农田种植树木来打造富饶的栖息地，这也为当地的人口提供了新的就业机会。

  你知道吗　全球的森林正以惊人的速度消失，某些研究报告显示，有超过40%的山林损失是由砍伐造成的。

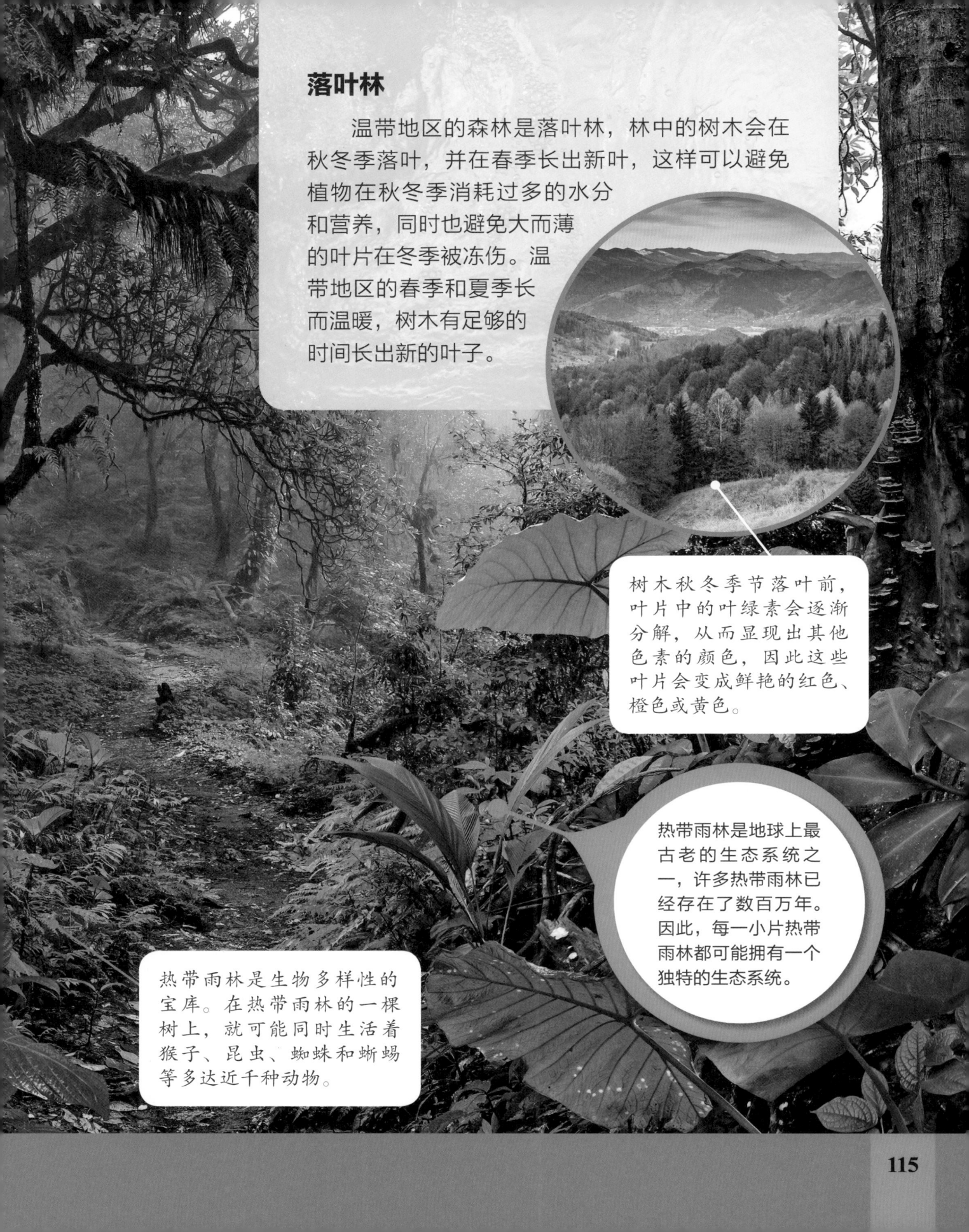

落叶林

温带地区的森林是落叶林，林中的树木会在秋冬季落叶，并在春季长出新叶，这样可以避免植物在秋冬季消耗过多的水分和营养，同时也避免大而薄的叶片在冬季被冻伤。温带地区的春季和夏季长而温暖，树木有足够的时间长出新的叶子。

树木秋冬季节落叶前，叶片中的叶绿素会逐渐分解，从而显现出其他色素的颜色，因此这些叶片会变成鲜艳的红色、橙色或黄色。

热带雨林是地球上最古老的生态系统之一，许多热带雨林已经存在了数百万年。因此，每一小片热带雨林都可能拥有一个独特的生态系统。

热带雨林是生物多样性的宝库。在热带雨林的一棵树上，就可能同时生活着猴子、昆虫、蜘蛛和蜥蜴等多达近千种动物。

海洋生态系统

地球表面超过三分之二的面积被海洋覆盖。海洋的平均深度为 3.8 km，但多数海洋生物生活在距离海岸 200 km 以内的沿岸区域和距离海面 200 m 的海洋表层。

海洋分层

海洋不同深度的区域提供了不同的生境，因此拥有不同的生物群落。距离海洋表层 200 m 及以内的水层是上层带（阳光带），该层白天有充足的阳光供浮游植物进行光合作用。水深 200～1 000 m 的水层是中层带（黄昏带），该层中的许多海洋动物白天躲在这一昏暗的区域内，到夜间浮到上层带中觅食。中层带以下是深层带，这里全天黑暗。

沙丁鱼以浮游生物为食。海洋表层充满了微小的浮游生物，它们是许多海洋动物重要的食物来源。

海面 0 m
上层带
约 200 m
中层带
约 1 000 m
深层带
约 4 000 m
深渊带
海床
超深渊带

海洋各区域的生物多样性

● 因为缺乏阳光，植物无法在深海中生长。生活在海床上的动物被称为底栖动物。

这条角鮟鱇的头顶"悬挂"着能发光的诱饵，当小鱼靠近诱饵时，就会被它吞食。

海洋深处

幽暗的深海中食物极其匮乏。有些深海动物依靠从浅海区域飘落的有机碎屑（海雪）为生，还有一些动物则拥有发光的能力，利用光诱捕猎物。

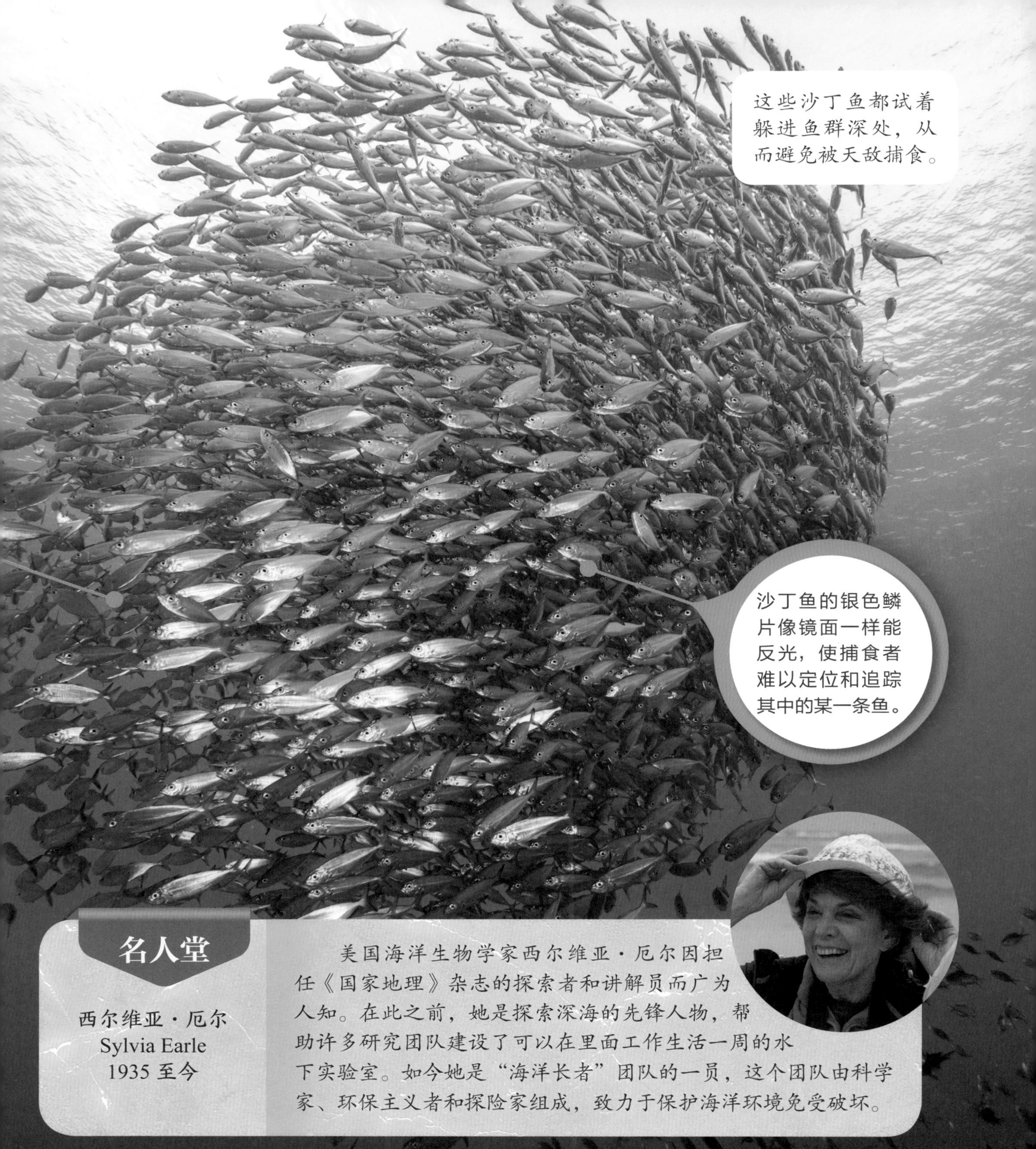

这些沙丁鱼都试着躲进鱼群深处，从而避免被天敌捕食。

沙丁鱼的银色鳞片像镜面一样能反光，使捕食者难以定位和追踪其中的某一条鱼。

美国海洋生物学家西尔维亚·厄尔因担任《国家地理》杂志的探索者和讲解员而广为人知。在此之前，她是探索深海的先锋人物，帮助许多研究团队建设了可以在里面工作生活一周的水下实验室。如今她是"海洋长者"团队的一员，这个团队由科学家、环保主义者和探险家组成，致力于保护海洋环境免受破坏。

你知道吗

据估计，每年约有几百万甚至上千万吨塑料垃圾被倒入海洋中，相当于几万头蓝鲸的总质量。

共生

一些生物进化出与其他物种紧密依存的关系，称为共生。共生有三种类型，分别为对共生双方都有利的互利共生，对其中一方有利而对另一方基本无害的偏利共生，以及对其中一方有利但对另一方有害的寄生。

珊瑚虫与能进行光合作用的虫黄藻形成细胞内共生。当海水温度过高时，虫黄藻会离开珊瑚虫，使珊瑚虫失去色彩并死亡，这一过程被称为珊瑚白化。

地衣

附着在岩石和树皮上的地衣通常生长在寒冷而多风的地区，是互利共生典型的例子。地衣是真菌和单细胞藻类形成的共生体，藻类生活在真菌的菌丝形成的空隙中。真菌为藻类提供安全的生活场所，与此同时藻类用部分光合作用制造的有机物为真菌提供营养。此外，还有一些生活在土壤中的真菌与植物共生，形成菌根。

● 地衣中的真菌包裹着藻类，让共生的藻类免于脱水。

寄生虫与宿主

寄生虫不能离开宿主独自生活，宿主为寄生虫提供营养来源和生存空间（至少在寄生虫生命周期的一个阶段）。寄生虫通常不会直接杀死宿主，但可能会导致宿主的细胞和组织受到损伤。绦虫等内寄生虫寄生在宿主体内，比如生活在宿主的消化系统或血液中；跳蚤之类的外寄生虫则通常生活在宿主体表。

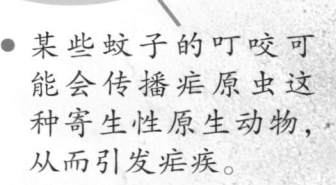

● 某些蚊子的叮咬可能会传播疟原虫这种寄生性原生动物，从而引发疟疾。

美国科学家梅雷迪思·布莱克韦尔是研究寄生性真菌的领军人物。他研究的蛇孢虫草寄生在昆虫体内，当菌丝充满昆虫的身体时宿主即死亡。他使用电镜研究各种有趣的共生性和寄生性真菌。

由于巨大的砗磲仅通过滤食海水中的浮游生物无法满足其对营养的需求，因此其外套膜中存在着与其共生的虫黄藻。相当于虫黄藻用光合作用制造的营养物质换取砗磲提供的生存空间。

砗磲通常生活在清澈的浅海中，这里有充足的阳光供砗磲体内的虫黄藻进行光合作用。

你知道吗　在北美地区，一些獾会和郊狼合作捕食，郊狼利用敏锐的嗅觉找到地鼠的洞穴，然后由獾把地鼠挖出来。

动物的群体

一些动物在生命中的多数时间独来独往，尽量避开同类。其他许多动物则会聚集成各种形式的群体，这是因为群居能带来很多好处。

黑猩猩生活在由亲属和其他个体组成的复杂社会结构的群体中，其中的成员经常为了争夺群体的统治权而发生争斗。

松散的集群

对很多动物来说，集群生活有利于保障每个个体的安全。一方面，捕食者往往很难准确定位群体中的某个个体并发动攻击。另一方面，当群体中有个体发现危险时，它会向群体的其他成员发出警告，有利于及时逃跑。比如，海鸟常常聚集在悬崖上筑巢繁殖，有蹄类喜欢集结成庞大的兽群一起觅食，许多鱼类也经常成群结队地在水中游弋。

● 塘鹅等海鸟竞相选择在群体的中央位置筑巢，因为这是群体中最安全的地方。

● 切叶蚁不会直接食用树叶，它们用树叶在蚁巢中培养真菌，以真菌作为食物来源。

真社会性动物

蚂蚁、蜜蜂和胡蜂属于真社会性昆虫。这些昆虫的群体由大量彼此间有血缘关系的个体组成，它们分工合作，共同养育由一个或少数个体（蚁后、蜂后）繁殖的后代。这种高度分工的社群就像一个较大的动物个体一样，有利于体型较小，生存能力有限的昆虫更高效地利用资源和繁衍后代。啃食木头的白蚁也是真社会性昆虫；裸鼹鼠是真社会性的哺乳动物，它们以植物的地下根茎为食。

 你知道吗

蝗虫能聚集成遮天蔽日的巨大群体，关于蝗虫群如何形成，有食物繁殖地、群集信息素、气候等假说，近年来科学家们普遍认为群聚信息素可能是蝗虫能够聚集的关键因素。

黑猩猩通过叫声、面部表情等与同类交流。这头黑猩猩通过面部表情显示它的不高兴。

类人猿会花费大量时间互相梳理和清洁皮毛，这有利于建立彼此间的信任。

名人堂

尼古拉斯·廷伯根
Nikolaas Tinbergen
1907—1988

荷兰动物学家尼古拉斯·廷伯根是最早研究动物行为学的科学家之一。他致力于理解动物种种行为背后的含义，特别是生活在群体中的动物。由于他的研究揭示了动物社群如何运转，1973 年他获得了诺贝尔奖。

附录 I
名词解释

A

氨基酸（amino acid）
一种由碳、氢、氧和氮四种元素（有的种类可能含硫）组成的小分子有机物，是蛋白质的基本组成单位。

B

变异（variation）
同一物种内不同个体间性状的差异。

病毒（virus）
一类只能寄生在活细胞内才能完成生命活动的介于细胞和分子之间的微小物质。

捕食者（predator）
以捕猎其他动物为食的动物。

C

传粉（pollination）
种子植物将花粉散落到雌性生殖器官上以完成繁殖的过程。

D

代谢（metabolism）
生物体实现产生能量、排除废物及修复损伤等生命活动的生物化学反应过程。

蛋白质（protein）
一类由氨基酸聚合形成的大分子物质，是构成生物体的重要物质及生命活动的主要承担者。

DNA
脱氧核糖核酸（deoxyribonucleic acid）的缩写。一类由脱氧核糖核苷酸聚合形成的大分子物质，是生物遗传信息的载体。

动脉（artery）
将血液从心脏输送至全身各组织的血管。

动物学（zoology）
研究动物形态结构、分类、生命活动、与环境关系及发生发展的学科。

E

二氧化碳（carbon dioxide, CO_2）
由一个碳原子和两个氧原子构成的小分子化合物，是光合作用的原料和呼吸作用的产物。

F

分类法（classification）
根据形态特征的相似性等信息将生物划分为各个类群的学科。

分子（molecule）
分子通常由原子构成，在由分子构成的物质中，分子是保持其化学性质的最小单位。

G

光合作用（photosynthesis）
植物等自养型生物利用光能将二氧化碳和水转化成糖类等有机物的过程。

H

呼吸系统（respiratory system）
生物体与外界空气进行气体交换的一系列器官的集合。

呼吸作用（respiration）
生物利用氧气氧化有机物产生能量和二氧化碳的生物化学反应。

J

激素（hormone）
由细胞产生，生物用于调节代谢、生长、发育和繁殖的物质。

基因（gene）
编码生物特定性状的 DNA 序列。

脊椎动物（vertebrate）
身体中具有脊椎骨组成的脊柱和其他内骨骼的动物类群。

静脉（vein）
将血液从身体各组织、器官输送回心脏的血管。

精子（sperm）
雄性生物的生殖细胞，可以与雌性的卵细胞融合以发育成新个体。

M

酶（enzyme）
细胞产生的一类有生物催化作用的大分子物质，通常是蛋白质。

免疫系统（immune system）
由免疫器官、免疫细胞和免疫分子组成的复杂网络，用于抵御病原体等异物对机体的入侵和伤害。

N

内骨骼（endoskeleton）
生物体内起支撑作用的硬质结构。

Q

器官（organ）
生物体中由不同组织构成，可以实现特定功能的结构，如脑、心脏等。

气候（climate）
一个地区长期保持相对稳定的大气状况。

栖息地（habitat）
生物赖以生存的自然环境。

S

神经（nerve）
神经系统的组成部分，是生物用于传输信息的结构。

生态系统（ecosystem）
由生物群落和它所在的无机环境相互作用形成的统一整体。

生态学（ecology）
研究生物与环境相互作用的学科。

生物（organism）
有生命的物体，包括动物、植物和微生物。

生物膜（membrane）
生物细胞中由磷脂和蛋白质分子构成，薄而柔软的膜结构。包括细胞膜和细胞器膜。

生物群系（biome）
适应于特定气候等环境条件的生物群落集合。

食物网（food web）
生态系统中的各种生物通过食物关系建立的网络。

T

碳水化合物（carbohydrate）
糖类的俗称，包括葡萄糖、蔗糖等小分子糖类和淀粉、纤维素等大分子多糖。

W

维生素（vitamin）
一些存在于生物体内，需求量很少但对生命活动不可或缺的有机物。

温度（temperature）
衡量物体冷热的物理量。

无脊椎动物（invertebrate）
身体中不具有脊椎骨组成的脊柱和其他内骨骼的动物类群。

物种（species）
一群具有相似的形态和生活方式，占据一定生态位，可以在自然条件下相互交配繁殖并产生可育后代的生物个体，是生物分类学上的基本分类阶元。

X

纤维素（cellulose）
由葡萄糖分子聚合形成的一种链状多糖，是植物细胞壁的重要组分，也是纸张和棉麻织物的主要成分。

消化（digestion）
生物体将食物中的大分子营养物质水解成小分子物质以吸收利用的过程。

细胞（cell）
生物体结构和功能的基本单位，由细胞膜包裹，其中含有遗传物质和各种酶，能够完成代谢和增殖。

细胞核（nucleus）
真核生物具有的、由核膜包裹的，用于储存遗传物质并调控细胞生命活动的结构。

细胞器（organelle）
细胞内具有特定形态和功能的结构，用于实现特定生命活动。

细菌（bacteria）
不具有成形的细胞核的单细胞生物（原核生物），有些种类会引发疾病。

Y

叶绿素（chlorophyll）
植物光合作用中用于捕获、传递和转换光能的一类绿色色素。

遗传（inheritance）
生物的性状由亲代向子代传递的现象。

营养物质（nutrients）
食物中含有能被人体吸收、消化、利用的生命活动所必需的物质。

原核生物（prokaryote）
细胞中的遗传物质不被核膜包裹，不具有成形的细胞核的单细胞生物，包括细菌和古菌。

Z

真核生物（eukaryote）
细胞中的遗传物质被核膜包裹，具有成形的细胞核，包括动物、植物、真菌和原生生物。

蒸发（evaporate）
物质由液态转化成气态的过程。

脂肪（fat）
生物体中用于储存能量的物质，不溶于水，常存在于动物皮下、内脏周围及植物种子中。

组织（tissue）
由一系列结构和功能相似的细胞及细胞间质组成，能够实现简单功能的结构，是构成器官的单位。

附录II
本书与教材内容对照表

学科概念及知识点 （本书内容）		人教版生物教材	对应教材内容
第一章 生命树	生物分类系统	八年级上册	第六单元　生物的多样性及其保护 第一章　根据生物的特征进行分类
	细菌	八年级上册	第五单元　生物圈中的其他生物 第四章　细菌和真菌　第二节　细菌
	原生生物	七年级上册	第二单元　生物体的结构层次 第二章　细胞怎样构成生物体 第三节　单细胞生物
	植物	七年级上册	第三单元　生物圈中的绿色植物 第一章　生物圈中有哪些绿色植物
	真菌	八年级上册	第五单元　生物圈中的其他生物 第五章　细菌和真菌　第三节　真菌
	低等无脊椎动物	八年级上册	第五单元　生物圈中的其他生物 第一章　动物的主要类群
	节肢动物	八年级上册	第五单元　生物圈中的其他生物 第一章　动物的主要类群
	低等脊椎动物	八年级上册	第五单元　生物圈中的其他生物 第一章　动物的主要类群
	鸟类	八年级上册	第五单元　生物圈中的其他生物 第一章　动物的主要类群　第六节　鸟
	哺乳类	八年级上册	第五单元　生物圈中的其他生物 第一章　动物的主要类群　第七节　哺乳动物
第二章 人体	稳态与调节	高中生物　选择性必修1	第1章　人体的内环境与稳态 第2节　内环境的稳态
	消化与排泄	七年级下册	第四单元　生物圈中的人 第二章　人体的营养 第五章　人体内废物的排出
	饮食与营养	七年级下册	第四单元　生物圈中的人 第三章　人体的营养
	呼吸系统	七年级下册	第四单元　生物圈中的人 第三章　人体的呼吸
	循环系统	七年级下册	第四单元　生物圈中的人 第四章　人体内物质的运输
	骨骼	八年级上册	第二章　动物的运动和行为 第一节　动物的运动
	肌肉	八年级上册	第二章　动物的运动和行为 第一节　动物的运动

学科概念及知识点（本书内容）		人教版生物教材	对应教材内容
第二章 人体	神经系统	七年级下册	第四单元　生物圈中的人 第六章　人体生命活动的调节 第二节　神经系统的组成 第三节　神经调节的基本方式
	感觉与感官	七年级下册	第四单元　生物圈中的人 第六章　人体生命活动的调节 第一节　人体对外界环境的感知
	免疫与疾病	八年级下册	第八单元　健康地生活 第二节　免疫与计划免疫
	生长与发育	高中生物　选择性必修3	第2章　细胞工程 第3节　胚胎工程
第三章 植物与动物	光合作用与呼吸作用	七年级上册	第三单元　生物圈中的绿色植物 第五章　绿色植物与生物圈中的碳—氧平衡
	植物的结构	七年级上册	第三单元　生物圈中的绿色植物 第二章　被子植物的一生
	植物的繁殖	七年级上册	第七单元　生物圈中生命的延续和发展 第一章　生物的生殖和发育 第一节　植物的生殖
	极端生境中的植物	八年级上册	第五单元　生物圈中的其他生物 第一章　动物的主要类
	动物的身体结构	八年级上册	第五单元　生物圈中的其他生物 第一章　动物的主要类
	动物的运动	八年级上册	第五单元　生物圈中的其他生物 第二章　动物的运动和行为
	动物的繁殖	八年级上册	第五单元　生物圈中的其他生物
	动物的特殊感官	八年级上册	第五单元　生物圈中的其他生物
第四章 细胞	观察细胞	七年级上册	第二单元　生物体的结构层次 第一章　细胞是生命活动的基本单位 第一节　练习使用显微镜
	植物细胞	七年级上册	第二单元　生物体的结构层次 第一章　细胞是生命活动的基本单位 第二节　植物细胞
	动物细胞	七年级上册	第二单元　生物体的结构层次 第一章　细胞是生命活动的基本单位 第三节　动物细胞
	细菌细胞	八年级上册	第五单元　生物圈中的其他生物 第三章　细菌和真菌 第二节　细菌
	细胞膜与物质转运	高中生物　必修1	第4章　细胞的物质输入和输出
	构成细胞的物质	高中生物　必修1	第2章　组成细胞的分子
	酶	高中生物　必修1	第5章　细胞的能量供应和利用 第1节　降低化学反应活化能的酶
	细胞的运动	七年级上册	第二单元　生物体的结构层次

学科概念及知识点 （本书内容）	人教版生物教材	对应教材内容
第四章 细胞 细胞分裂	七年级上册	第二单元 生物体的结构层次 第二章 细胞怎样构成生物体 第三节 细胞通过分裂产生细胞
内共生学说	高中生物 必修1	第3章 细胞的基本结构
病毒	八年级上册	第五单元 生物圈中的其他生物 第五章 病毒
第五章 遗传与 进化 DNA与染色体	八年级下册	第七单元 生物圈中生命的延续和发展 第二章 生物的遗传与变异
基因的表达	高中生物 必修2	第4章 基因的表达
基因型与表型	八年级下册	第七单元 生物圈中生命的延续和发展 第四章 生物的遗传与变异 第三节 基因的显性和隐性
减数分裂	高中生物 必修2	第2章 基因和染色体的关系 第1节 减数分裂和受精作用
生殖细胞与受精	高中生物 必修2	第2章 基因和染色体的关系 第1节 减数分裂和受精作用
基因工程	高中生物 选择性必修3	第3章 基因工程
进化论	八年级下册	第七单元 生物圈中生命的延续和发展 第三章 生命起源和生物进化 第三节 生物进化的原因
新物种的产生	高中生物 必修2	第6章 生物的进化 第3节 种群基因组成的变化与物种的形成
奇妙的进化	八年级下册	第七单元 生物圈中生命的延续和发展 第三章 生命起源和生物进化 第三节 生物进化的原因
性选择	八年级上册	第五单元 生物圈中的其他生物
第六章 生物圈 与生态 系统 生态系统	七年级上册	第一单元 生物和生物圈 第二章 了解生物圈
食物网	七年级上册	第一单元 生物和生物圈 第二章 了解生物圈 第二节 生物与环境组成生态系统
碳循环	高中生物 选择性必修2	第3章 生态系统及其稳定性 第3节 生态系统的物质循环
其他物质循环	高中生物 选择性必修2	第4章 生态系统及其稳定性 第3节 生态系统的物质循环
干旱地区的生物群系	高中生物 必修2	第2章 群落及其演替
湿润地区的生物群系	高中生物 选择性必修2	第2章 群落及其演替
海洋生态系统	高中生物 选择性必修2	第2章 群落及其演替 第1节 群落的结构
共生	高中生物 选择性必修2	第2章 群落及其演替 第1节 群落的结构
动物的群体	八年级上册	第二章 动物的运动和行为